U0221711

调调
Flowing Melody

生活讲情调，艺术有腔调！

国韵·香文化

张金发
黄欧
编著

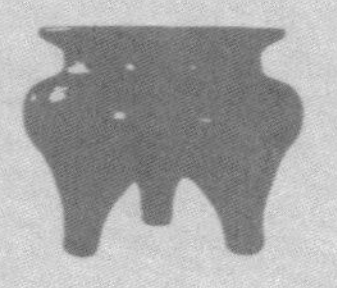

化学工业出版社
·北京·

特约顾问：丁德科

策划：易善江

编委：吕宗洲 王长明 张玉洁 杨光 刘洪彩 刘德功 马聚魁 于乐土 吴俊旭 宁宏梅 郑铭磊 王炜 杨华峰 李娜佳 卜美玲 张荣欣 周金兰 黄文廷

图书在版编目(CIP)数据

国韵·香文化/张金发，黄欧编著.—北京：化学工业出版社，2023.9

ISBN 978-7-122-43726-6

Ⅰ.①国… Ⅱ.①张… ②黄… Ⅲ.①香料-文化-中国 Ⅳ.①TQ65

中国国家版本馆CIP数据核字(2023)第121741号

责任编辑：宋晓棠 徐华颖　　装帧设计：尹琳琳

责任校对：杜杏然　　文字编辑：陈　雨

出版发行：化学工业出版社

(北京市东城区青年湖南街13号 邮政编码100011)

印　　装：北京宝隆世纪印刷有限公司

710mm×1000mm 1/16 印张15 字数240千字

2024年6月北京第1版第1次印刷

购书咨询：010-64518888　　售后服务：010-64518899

网　　址：http://www.cip.com.cn

凡购买本书，如有缺损质量问题，本社销售中心负责调换。

定　　价：198.00元

胡振民

中宣部原副部长、中国文联原党组书记，
中国关心下一代工作委员会常务副主任

中国艺术研究院原院长、
中国非物质文化遗产保护中心原主任
连辑

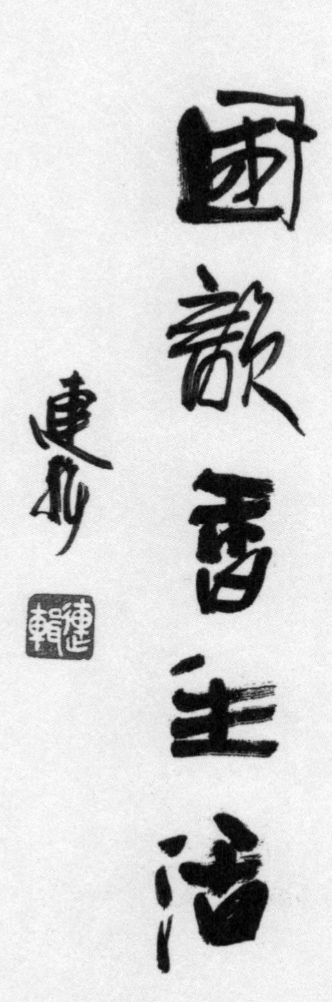

序（一）

闻弦歌而知雅意，焚香炭亦度人品。中国香文化，是一个综合的文化生活活动，是人们从情感寄托的感性认识到文化思考的理性分析，是对于人生与人世看法的表达，是植根生活的艺术，是中国文化千年变迁与传承的缩影。

中国香文化在文化历史中一直有着重要的地位，封建皇家敬天祭地、文人骚客笔谈研究、百姓人家祭祀与日常，处处可见香的痕迹，中间因为历史的浮沉虽有盛衰变故，但代代相传，总有承继，并随时代不断发展，体现着中华民族独特的精神气质、思维方式和审美情趣。作为非物质文化遗产，香文化源远流长承继至今，当代国家级非物质文化遗产代表性项目传统制香技艺（莞香制作技艺）的代表性传承人为中国香文化的继承、发展和创新做出了杰出贡献。

现代大众对于中国香文化的认识相对匮乏，不能说不是一个遗憾！当然这是由一些综合的原因导致的，需要我们思忖，力行推广，更加重视，不断发展。还是难免感叹，这种遗憾就像是人的观感中，少了一个嗅觉，总是不完整，总是少了些人生滋味。

几乎无人不晓的苏东坡，我们知道他是大文豪，知道他爱美服、爱美食，觉得他潇洒不羁，却不知他还是香道大师，引“鼻观先参”之观念，结文心静道，有安宁淡然的一面。若不知，苏子之名，是否总是少了些立体!

现今中国文化的发展传承，受到了广泛的关注，香文化作为传统文化中的精华，现在虽然没有得到大众广泛的认识，于现代生活中略略缺席，但我们已经能看到随着各界同仁的不断努力，必将迎来属于它的大发展。这本书，我想就是一个开始。

在这本书中，我看到了香文化历史的鲜活，同时惊喜于现在的传承成果与发展势头，尤其是两位作者，给了我很大的震撼。不管是传统莞香的继承与发展，还是香文化空间的综合式发展，都是让人意想不到的，欢欣鼓舞的。这本书的出版，必将为香文化的发展带来更多的发展契机，也希望有更多的香文化继承者、开拓者能够砥砺前行，将这份关于嗅觉的美好，带给国人。

谷长江

2022年10月

谷长江，曾任中国历史博物馆党委书记。

序
（二）

人有五感，形、声、闻、味、触。人类在呼吸的同时，嗅觉也在感受环境中的气味，记录生活的一分一秒。“香”，本指谷物熟后的气味，后泛指芳香。

在追求嗅觉感受的过程中，人类本能地挖掘出越来越多能够产生香味的动植物，并用它们可以生香的部分制作成专门用来满足嗅觉感受的香料，“香”便衍义为香料。

香伴随人类走过漫长文明史，涵盖了生活的方方面面：远古巫术活动有“香”，拜礼中有“香”，宗教中有“香”，节庆中有“香”，历代帝王喜“香”，闺中妙龄爱“香”，文人墨客颂“香”，中药百草发“香”，品茗饮酒闻“香”，养生保健缘“香”。带有人文意识的用香，逐渐形成了一脉相传的传统香文化，其用香之久、行香之广，贯穿千载，蕴含着深厚的文化内涵。

香，让人在馨悦之中安定神绪、镇静心宁，在淡远的、诗意的、静心的芬芳世界中感受自然，感悟生命，进而调息、通窍、调和身心。

香还具有较高的药用价值和临床价值，四大名香“沉檀龙麝”均是名贵的药材，传统中药方剂配伍及中成药中多有使用。

现代香文化复兴，是当代人渴望回归本心的体现，寻找宁静，追求修身的芳香之道。

香文化在融入当代生活美学后绽放出了新的活力，体现了优秀传统文化在传承与弘扬中创新发展的显著成效，是人民文化自觉和文化自信不断增强的有力见证。在新时代，香文化作为中华优秀传统文化之一，将持续创新性发展，焕发生机与活力，为中华民族伟大复兴筑牢文化根基、提供强大精神力量。

黄欧
2022年10月

黄欧，国家级非物质文化遗产代表性项目传统香制作技艺（莞香制作技艺）的代表性传承人。

前言

闻香十二调

千年不朽，万年香。掷洒千金，不见灰。

沉水老檀，汇一炉。路拾蒿草，亦入瓮。

天地玄黄，三千道。不论贫贱，只问心。

闻香可知十二调？一年一月总不同。

不亲自焚一炉香，不能解何为“香烟缭绕”。

氤氲千年的技艺，千年来在中国流传，香为中国人的嗅觉留下了属于各个时代的浪漫与文化气息。中国的文化韵味中决不能少了香文化。

它在远古的祭祀中燃烧，在先秦的熏炉中弥漫，在唐宋的银片上炙烤，在明清的香插上焚熏……那些属于时代的香的记忆，印刻在我们的历史中，与中国人的思想文化融合发展，与当时人们的生活相互映照，形成了当时的文雅香生活。

此次受邀编写这本书，让我看到大家对于香文化的重视，同时，也有很大的压力，生怕不能讲清楚、说明白。香文化内容繁多、驳杂，包括了香的历史传承、香品基本分类、香器使用、香思想转变发展等内容，想在有限的篇幅中，将基础的知识为大家梳理出一个脉络，是一个极其纠结、复杂的过程，想来想去最终采用了总分的模式。先在第一章讲解香的历史传承、基本香品分类以及不同时期的文化内核发展变化，让大家对传统香有一个基本的了解。再分别讲述各个时期的香与香文化故事，我们想这更有利于理解香在不同时期的发展以及与人的关系。

值得强调的是我们对于现代传统香文化部分的介绍。现代生活中，我们虽然比较少见传统香，但我们总是相信，随着社会的发展、文化的发展，在我们传承传统香文化艺术的过程中，在发展传统香文化的实践中，会让更多的人了解、喜爱、学习、使用它，并让它进入我们现今的生活中，享受馨香之气所带来的美好空间。这也是我们编写这本书的初心所在。我们希望大家能够在这之中看到香文化现在的发展情况。这些也是我们现在切实能够看得见、摸得着、闻得到的部分，香文化绝不是已经封存于博物馆的展品，它现在依然有着自己勃勃的生机与活力，是可以亲身感受的生活用品、艺术品位。生活的文化、大众的文化是最有意义的，把文化融入生活才是真的传承。

作为一本香文化的入门书，我们将从历史文脉、技艺传承、生活空间等多角度展现香生活的雅趣。希望能够为想要了解或者想要梳理香文化的一些知识的朋友们，带来一些助益，也希望能“抛砖引玉”，为香文化的发展做一点贡献。书中可能还有一些未尽之处，还希望大家批评指正。

张金发

2022年6月

张金发，中国传统文化促进会副会长，北京国韵翰墨书画院院长。

第四章　香之情调见于六朝

第五章　香之成熟完于隋唐

目录

第八章 融香于生活的当代

第六章　香之风雅书于宋朝

第七章　香气四溢兴于明清

第一章 打开中国香文化的门

（一） 与香初相识

香烟袅袅，幽思绵绵。谈到中国文化，第一时间想到的大概是诗情画意的人文艺术，如若说到中式生活，那应该有焚香烹茶的雅趣。

何为“香”？始见于商代甲骨文，“香”字为上下结构，其古字形上半部像禾黍成熟后散落的许多籽粒，下半部为口形，像盛粮食的器皿，意为将粮食放在容器内使其发散馨香。“香”字，在东汉许慎的《说文解字》中认为：“香，芳也。从黍，从甘。《春秋传》曰：‘黍稷馨香。’”可见，“香”之初意为粮食芬芳味道，而后逐渐发展为香料之香。

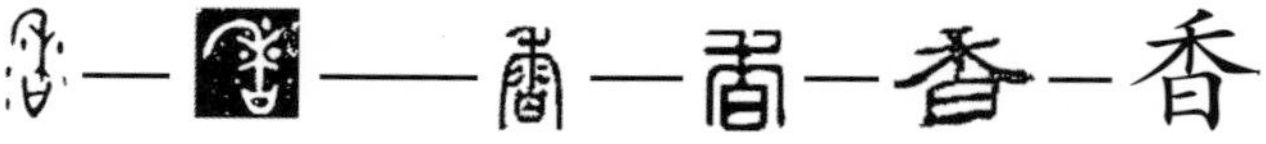

商　西周　《说文解字》中小篆　汉　汉　现代

广义的香：是指香气，芳香的气味。

狭义的香：是指祖先们在几千年的生活起居中根据不同用途而制成和使用的，包括焚烧、佩戴、涂敷、沐浴、食用、建筑等各种不同配伍和形态的香品。

我们这里讲的香就是狭义的香，而香文化其实是一种生活方式，一种态度。

中国古代香事起源，可追溯到新石器时代，与祭祀密不可分。《礼记》云：“有天下者祭百神。”祭祀是古人精神生活的最高层面，也是“香事”的起点。

1983年，对位于辽宁省朝阳市下辖的凌源市与建平县两地交界处的红山文化牛河梁遗址进行发掘，发现距今大约5500年的大型祭坛。

红山文化
牛河梁遗址圆形祭坛

从考古发现的草木灰等遗迹中可知，古代先民敬祭神灵，所烧的草和柴，并非随意采集的普通草和柴。在祭祀活动中，可能发现了拥有特殊香气的草木，而这便是人们对香气向往的开始。

先秦时期，《左传》中有“夫礼，天之经也，地之义也，民之行也。”《荀子》亦有“人无礼则不生，事无礼则不成，国家无礼则不宁。”中国一向被称为“礼仪之邦”，先秦时期的人们已开始讲究“仪式感”，逐步形成了一套相对整饬、严格的礼仪制度。香的使用则成了礼仪中的重要环节。

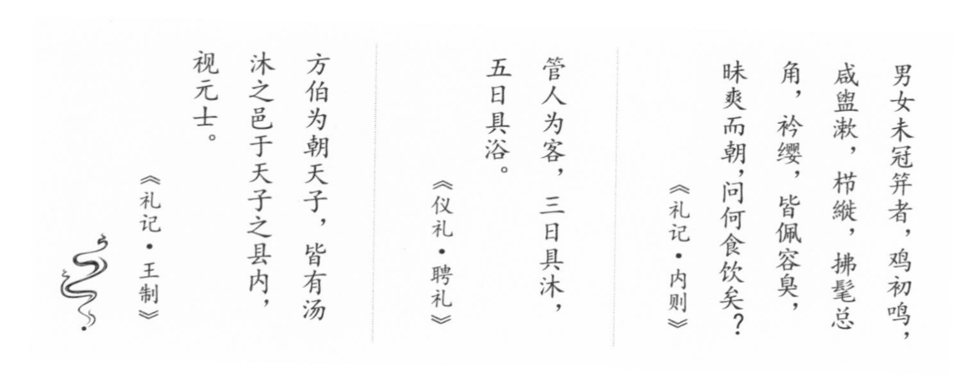

男女未冠笄者，鸡初鸣，咸盥漱，栉縰，拂髦总角，衿缨，皆佩容臭，昧爽而朝，问何食饮矣？

《礼记·内则》

管人为客，三日具沐，五日具浴。

《仪礼·聘礼》

方伯为朝天子，皆有汤沐之邑于天子之县内，视元士。

《礼记·王制》

这一时期，中国对香料植物已经有了广泛的应用。我国第一部诗歌总集《诗经》，多处描绘了生活中对植物“香料”的使用，这标志着香文化由早期的“祭祀用香”逐渐扩展到“生活用香”。

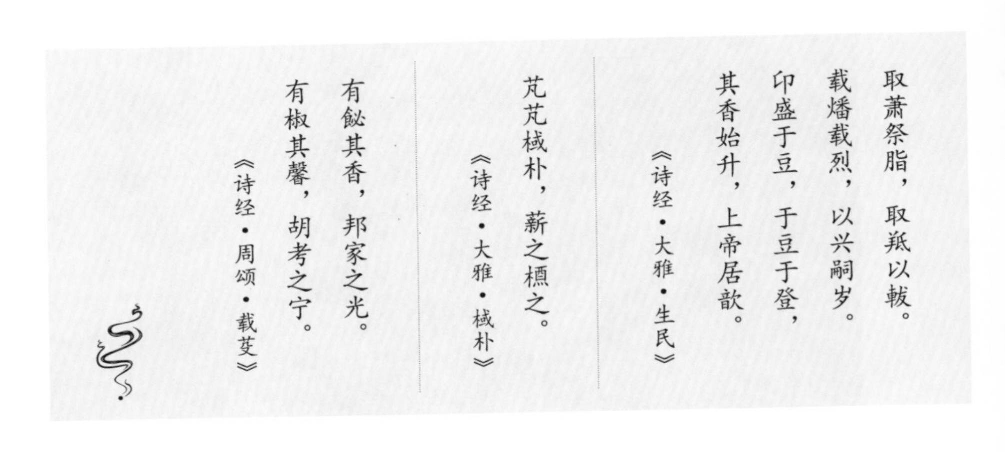

早期香料是以芳香类花草为主。就如《诗经·采葛》云：

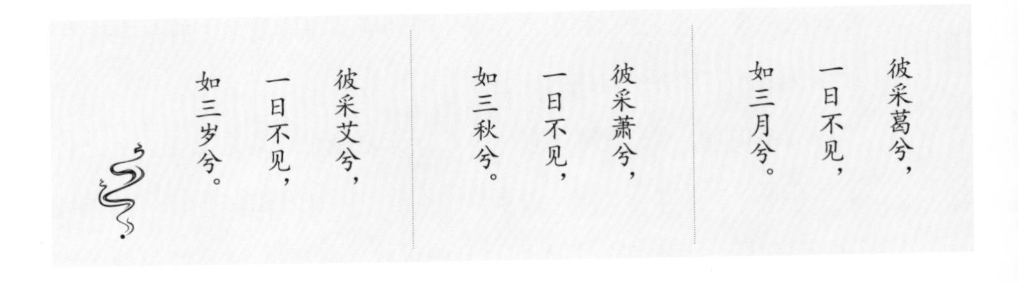

这首诗让我们可以感受到，作者对那个采草之人的相思情深，同时也证实了芳香花草在当时应用很广。采葛为织布，葛即葛藤，它的皮可以制成纤维用来织布；采萧为祭祀，萧即香蒿，是一种香草，常被用以燔烧祭祀；采艾为治病，艾即艾草，古代采艾则是为了驱邪治病。艾叶可以供药，是当时很常用的香草。

清 邹喆 墨艾图轴
北京故宫博物院藏

左下角为邹喆本款：『萧艾有清芬，为性本芳洁。寄言薰德者，不扶艺自直。』本幅所绘墨笔艾草运笔浓淡有致，并通过墨色的变化营造出了空间感。艾草在中国有着驱邪治病的作用。邹喆作为文人画家也在自己的绘画中表现具有风俗元素的题材，使得作品既具有文人绘画的雅致，又具有风俗绘画的活泼，且贴近时令，显得颇有韵味。

战国
灰陶香熏

1992年潜山彭岭墓群出土的战国时期陶香熏中最精美的是一件灰陶香熏，器表质感细腻，整体器形规整。盖面有三角形镂孔和刻画成蝴蝶结状的图案，中间亦有镂孔，炉身与盖为子母口扣合。从这件香熏，我们能够想象到早期人们使用熏香的场景。香草在炉内点燃，香烟从镂孔缓缓升起。

西汉初期，熏香在贵族阶层流行开来。汉武帝拓南疆通西域以后，大量的外来香料便进入了中土。沉香、熏陆、龙脑、苏合香等香料逐渐成为中华香事的主要材料。西汉刘歆所著《西京杂记》中记载赵飞燕当上皇后时，她的妹妹特地送来了三十五件贵重礼物，其中便有一件华丽的“五层金博山香炉”，还有几种名贵香料：沉水香、九真雄麝香和青木香。这里的青木香为马兜铃科植物的根部，香气特异，为汉代本土产的名贵香料。九真为汉武帝平南越后所设的九郡之一，九真雄麝香便是此地所产的麝香，也属名贵香料。沉水香便是现在我们所熟知的“沉香”，亦产于南越之地，自汉代才有使用的记载。沉香香树所结树脂，放入水中下沉者，称为沉水香，亦称沉香。品性内敛，香气浓郁，其文化蕴意更与中国文人品格相通，因此广受国人喜爱，千年不衰。香料品种的多样化，促进了香的使用与发展。人们对各种香料的作用和特点有了更深的研究。

马王堆汉墓发现了混盛高良姜、辛夷、茅香等香药的陶熏炉，从这种“多种原态香材混于一炉”的香品可以看出人们已经有了合香的意识。从单品香演进到了多种香料的复合使用，是香品的一个重要发展，为合香的正式出现打下了基础。

沉香

西汉 彩绘陶熏炉
湖南博物院藏

合香出现的具体时间不好考证，但从流传的史料与香方记载中可推断在汉代已出现。如《后汉书》中的《汉后宫和香方》就详细记述了汉代后宫经典香方以及香料的炮制、香方的配伍方法等。依此可以推断，合香在这一时期形成并被贵族使用。

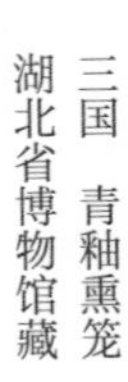

三国 青釉熏笼
湖北省博物馆藏

1991年湖北省鄂州市三国吴墓出土的青釉熏笼，主要用途是熏衣服，一般为古代贵族使用。这件熏笼由上下两部分组成，下部是盛放炭火的双耳篮，上部放一件无底的镂空熏笼。可见当时熏香已十分讲究。

魏晋南北朝时期的近四百年里，虽然政局纷乱动荡，但哲学思想与文化艺术领域异常活跃，是香文化发展史上的一个重要阶段。宫廷用香、文人用香与佛教用香构成了此阶段香文化的三条重要路线，相互交融而又独立成章，共同推动了香的发展。

当时宫廷贵族熏香之风盛行，魏文帝曹丕癖好熏衣，好迷迭香，并留下了《迷迭香赋》;《东宫旧事》记载："太子纳妃，有漆画手巾，薰笼二，又大被薰笼三、衣薰笼三。""皇太子初拜，有铜博山香炉一枚。"

东晋 越窑青釉博山炉
浙江省博物馆藏

这一时期香药品种繁多，带动了和香的普及，南朝刘宋时期著名史学家范晔的《和香方》是目前所知最早的香学专著，可惜正文已散失，留存至今的只有序文。从《和香方》序中对香药特性的记述：“麝本多忌，过分必害；沉实易和，盈斤无伤。”可以看出当时的文人士大夫不仅熏香用香，还懂香、制香。传统香的制作，与中国文化息息相关，也与中医学有着千丝万缕的联系。这使得香不仅仅代表着一种气味，还讲究修养身心的功效以及对使用者自身性格的表达，讲求“以香养身”。

南北朝时佛教影响广泛，杜牧诗云“南朝四百八十寺，多少楼台烟雨中”。仅梁武帝的都城建康（今南京）就有佛刹数百座。“烧香”是佛教中最重要的也是最基本的一项敬佛仪式。佛教的用香，既能起到敬佛之意，又能调和身心。目前我国尚存完整的《帝后礼佛图》，位于河南省巩义市巩义石窟寺，其中有香的出现。另外，龙门石窟中的孝文帝和文昭皇后的供养人行列图中有拈香礼佛的盛大场景。佛教的兴起，对香文化发展起到了十分重要的推动作用。

世人皆法學之 撰和香方其序之曰麝本多忌過
分必害沈實易和盈斤無傷零藿虛燥詹唐
黏濕甘松蘇合安息鬱金㮈多和羅之屬並
被珍於外國無取於中土又棗膏昏鈍甲煎淺
俗非唯無助於馨烈乃當彌增於尤疾也此序
所言悉以比類明士麝本多忌比庾炳之零藿
虛燥比何尚之詹唐黏濕比沈演之棗膏昏鈍
比羊玄保甲煎淺俗比徐湛之甘松蘇合比慧
琳道人沈實易和以自比也 畢獄中與諸甥姪

南朝 范晔《和香方》序

北魏《帝后礼佛图》
巩义石窟寺藏

隋唐时期，强盛的国力和发达的陆海交通使国内香药的流通与域外香药的输入更为便利。入唐之后，用香成为唐代礼制的一项重要内容，政务场所也要设炉熏香。整个文人阶层普遍用香，出现了众多的咏香诗文。香文化进入成熟期，这个时期有很多佩戴、口含、内服、涂敷的香品，如香丸、香粉、脂膏等。

香囊的使用由来已久，已知最早在《礼记·内则》中有记录，称为“容臭”。“香囊”这个词正式出现应是在汉乐府诗《孔雀东南飞》中的“四角垂香囊。”其后，“香囊”一词便出现在大量文学作品中，如东汉末年繁钦的《定情诗》：“何以致叩叩？香囊系肘后。”中就明确指明当时的香囊是系在肘臂之下、藏于袖中佩戴的，通过衣袖再把微微香气从袖筒散发出来。这种袖底生香的魅力是既含蓄又充满诱惑力的。在唐朝人的生活中，使用香料的场合极多，到处悬挂着香囊、香球等物，唐代的香囊便于携带且做工精致，当时上流社会的男女都会将它佩戴在身上，悬挂于车辇之上，岁终祭祀百神之日更需佩戴。白居易曾文：“拂胸轻粉絮，暖手小香囊”，即把一个小香球系在袖口内，吊在腕下，时时有缕缕芬香从罗袖掩笼的皓腕处偷弥悄逸，旖旎撩人，这样的香囊同时也是一个很好的暖手炉。

莫高窟第138窟东壁门上安国寺尼智惠性等供养像

唐　镂空缠枝纹银香囊
陕西历史博物馆藏

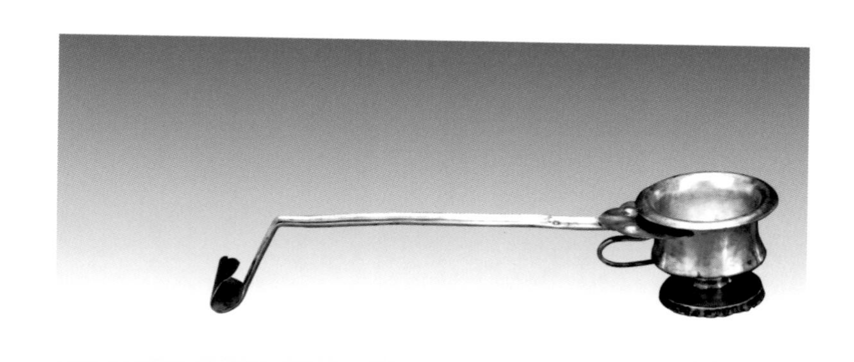

唐　如意长柄银手炉
陕西省宝鸡法门寺博物馆藏

唐朝时期还比较流行长柄香炉（手炉），长柄香炉又称“鹊尾炉”，主要用于供佛。敦煌莫高窟第138窟（晚唐）主室东壁门上，安国寺尼智惠性等供养像中的供养人就有手持长柄香炉的形象。

中国科学院大学、故宫博物院与法门寺博物馆组成的研究团队，对唐代皇家寺院法门寺地宫出土的三类香料样品进行过综合分析与研究，对研究古代“和香”技术如何演化发展等具有重要意义。

法门寺出土的样品一为黄色块状，取自“鎏金四天王盝顶银宝函”，是唐懿宗供奉的舍利容器“八重宝函”的第七重，“八重宝函”是地宫内最重要的供奉物之一,八个宝函层层相套，最外一层是木制，出土时已残损。这种黄色香料是唐懿宗供奉的“榄香脂”。

香料样品二是晚唐密教高僧智慧轮供奉的，银函内放置的木质香料为沉香。呈植物根干状，取自“智慧轮壶门座盝顶银函”，函体正面有錾文，显示其为大兴善寺智慧轮于咸通十二年（公元871）八月为盛佛真身舍利而造的一组舍利容器（共二重，金函、银函各一）。“智慧轮”为晚唐密教高僧，参与并主持了法门寺最后一次迎佛骨活动。

样品三取自“双鸿纹海棠形银香盒”，盒体状如海棠，盒内装有棕褐色粉末，较为松散，从其断面的显微照片中可以观察到部分浅黄色颗粒，该样品是将沉香木与乳香磨成粉后混合制成，是目前中国古代“和香”早期的物证。

香料样品一
研究团队图

香料样品二
研究团队图

香料样品三
研究团队图

双鸿纹海棠形银香盒内香料
法门寺博物馆藏

《宋人人物册》
台北故宫博物院藏

到了宋代，香文化也发展到了一个鼎盛阶段。两宋以来“焚香、点茶、插花、挂画”成为文人雅士生活不可缺少的雅事，文人阶层盛行用香、制香、咏香，也有很多文人从各个方面研究香药及和香之法，庞大的文人群体对整个社会产生了广泛的影响，也成为香文化发展的主导力量。这种影响在宋代的绘画中，我们能较直观地看到。

从《宋人人物册》画面的格局和环境，我们能够真实领略宋时文人雅趣。主人坐于榻上，左手拿着书卷，神情淡然，仿佛陷入沉思。身后一架花鸟屏风，画中芦苇摇曳，芙蓉花下两鸳鸯，一派悠远的景象。屏风左上方挂着一幅主人公画轴，主人左侧童子在点茶，右侧放置一处案几，上面摆放书卷、琴和焚香炉。从摆设可以看出主人极高的艺术文化修养。画面的左侧摆放一个做工精美的炉子，荷花为托、荷叶为底，造型独特，正前方奇石花台上摆放的鲜花，看上去生机盎然，通过这些细节可以看出主人的高品质生活追求，也表现出宋人“焚香、点茶、插花、挂画”的闲适雅逸。

从宋代起，“印香”与“隔火熏香”流行了起来。

“印香”是把香粉置于印模内，大多印模文字会使用篆字，因此又称“篆香”。据宣州石刻记载“……熙宁癸丑岁，大旱夏秋无雨，井泉枯竭，民用艰饮。时待次梅溪始作百刻香印以准昏晓，又增置午夜香刻如左：福庆香篆，延寿篆香图，长春篆香图、寿征香篆。”故又称百刻香。其实在唐代，用篆香礼拜神佛也很常见，郑遨的《题病僧寮》诗就提到了“佛前香印废晨烧，金锡当门照寂寥。童子不知师病困，报风吹折好芭蕉”。到了宋代，文人对香的推崇，让它更广泛地流行开来，洪刍《香谱·香篆》“镂木以为之，以范香尘为篆文”，李清照《满庭芳》词之一“篆香烧尽，日影下帘钩”。

“隔火熏香”在晚唐就已经出现，宋代在文人之间广泛流传。香品不直接点燃，放在银片、瓷片、云母片或者玉片上，隔片下方放燃好的炭，香品在炙烤之下香气发散，不见烟气。“有香不见烟”，是用香技法成熟的重要标志。

宋代的香配方丰富，香品的名称十分有文人趣味，如四和香、意和香、小宗香、韩魏公浓梅香、江南李主帐中香、黄太史清真香等。香文化的兴盛，也促使用香器具不断发展，各式各样的香炉应运而生。而这个时期的制瓷业已达到发展史上的高峰，出现了五大名窑，汝窑、官窑、钧窑、哥窑、定窑，以及六大窑系的龙泉窑等，涌现出了许多十分精美的瓷器香炉。

宋代人追求简约的审美，以简单的线条和釉色塑造出经典的造型。我们现在能看到有不少官窑的宋代瓷器香炉由于其本身所具有的审美价值而被收藏于博物馆中。瓷炉最早始于东吴，宋以前常见的是托炉，从宋代开始流行三足炉。三足炉以三足造型为显著特点，主要有樽式炉、鬲式炉等。

汝窑淡天青釉弦纹三足樽式炉仿汉代铜器造型，通体满施淡天青色釉，莹润光洁，釉面开细碎纹片，青瓷釉面大都开有层层相叠的“冰裂纹”，自然天成，耐人回味。已知传世汝窑三足樽式炉仅三件，现分别藏于北京故宫博物院、英国伦敦大维德基金会和美国辛辛那提博物馆。

宋人好博古，以鼎彝类器物作为焚香器的风尚流行一时，当时瓷器制造业发达，瓷质仿古香炉应运而生。鬲原本是炊具，后为礼器，鬲式炉就是以商周青铜鬲为范本制作的。官窑粉青鬲式炉应是瓷质鬲式炉较早的例证。

钧窑天蓝釉三足炉里、外施月白色釉，外壁饰大片的紫红色斑块，颇似天边的灿烂云霞，给人以无尽的美感。

宋　汝窑淡天青釉弦纹三足樽式炉
北京故宫博物院藏

宋　官窑粉青鬲式炉
台北故宫博物院藏

宋　钧窑天蓝釉红斑三足炉
北京故宫博物院藏

宋　哥窑灰青釉双耳鬲式炉
北京故宫博物院藏

哥窑灰青釉双耳鬲式炉通体施灰青釉，釉面有黄、黑两色开片。足端无釉，呈黑褐色。

定窑白釉弦纹三足樽式炉造型仿造汉铜樽，里外施白釉，釉质滋润，釉色白中闪黄。端庄古朴，是定窑瓷器的精美作品。

龙泉窑青釉鬲式三足炉炉腹至足部凸起的三条棱线原系仿青铜器的装饰纹样，因凸起处釉层较薄，呈浅白色，形成了出筋的装饰效果，翠玉般的釉色中显露出数道规整的白线，分外醒目。通体施青绿色釉，三足底端无釉，呈酱黄色。釉色为典型的梅子青色，青翠幽雅，是龙泉窑的上乘佳作。

宋 定窑白釉弦纹三足樽式炉
北京故宫博物院藏

宋 龙泉窑青釉鬲式三足炉
北京故宫博物院藏

明清时期，香文化在宋时繁荣的基础上，得到了全面保持并有稳步发展。香品的成型技术也有了较大的发展，使线香、塔香得到了普及，黄铜冶炼技术、铜器錾刻工艺等发达，使香具的品种更为丰富。从传世明代炉来看，宋代流行的三足炉，在明代制作的香炉样式中依然常见。从整体造型上来说，明代铜炉的整体风格是雅致、浑厚，而清代香炉则向着繁缛精雕的方向发展。这些香炉早已不再是简单的实用器，更反映了当时人们的审美、价值观，因此我们可以从中解读出明清时期的社会心理与审美意识。

明代铜冲耳乳足炉，铜炉圆形，器表略呈黑漆色。唇边外侈，收颈，鼓腹，下腹圜收，三乳足。口沿上左右两边起冲耳。器外底有减地阳文三行六字楷书“大明宣德年制”，附云足铜座。器型雅致，古朴大气。

明代铜嵌银丝蝉纹兽吞耳圈足炉，铜炉为簋形器。口外侈，收颈，鼓腹，左右饰兽吞式双耳，圈足。器表饰嵌银丝蝉纹，颈、足饰回纹，颈下饰蝉纹。

明 铜冲耳乳足炉
北京故宫博物院藏

清　金嵌宝石朝冠耳炉
北京故宫博物院藏

清代画珐琅三阳开泰纹手炉，手炉椭圆形菱花式，铜鎏金开合式提梁，镂空“卍”字锦纹盖。器身四面饰菱形开光，两两相对。前、后两面绘三阳开泰图，红日高照，古松绿草茂盛，水面开阔微澜，慢坡上三只山羊仰首向日，整个画面温馨而祥和。侧面开光内绘月季花绶带鸟。开光外饰宝蓝地缠枝花卉纹。正月为泰卦，三阳生于下，冬去春来，阴消阳长，有吉亨兴盛之象，因羊与阳同音，三羊喻为三阳，三羊图寓意三阳开泰，是我国传统吉祥的装饰题材，被广泛运用。

明清时在继承和发展宋代香道、精致熏香文化的同时，又将其与理学、佛学结合，形成“坐香”与“课香”等，从而成为个人修养与勘验学问的一门功课。这个时期，香炉、香盒、香箸瓶三件一组称之为“炉瓶三事”。明代后期，随着线香的不断发展，燃线香的香插炉逐渐增多。历经千年的传统香事，在清代后期渐渐淡默在历史的变迁中。

明 刘阮入天台香筒
上海博物馆藏

清　乾隆　画珐琅
三阳开泰纹手炉
北京故宫博物院藏

清　青玉光素托
莲蓬式香插
北京故宫博物院藏

明　内坛郊社款铜蚰龙耳圈足炉、紫檀瓶、盒炉瓶三事
北京故宫博物院藏

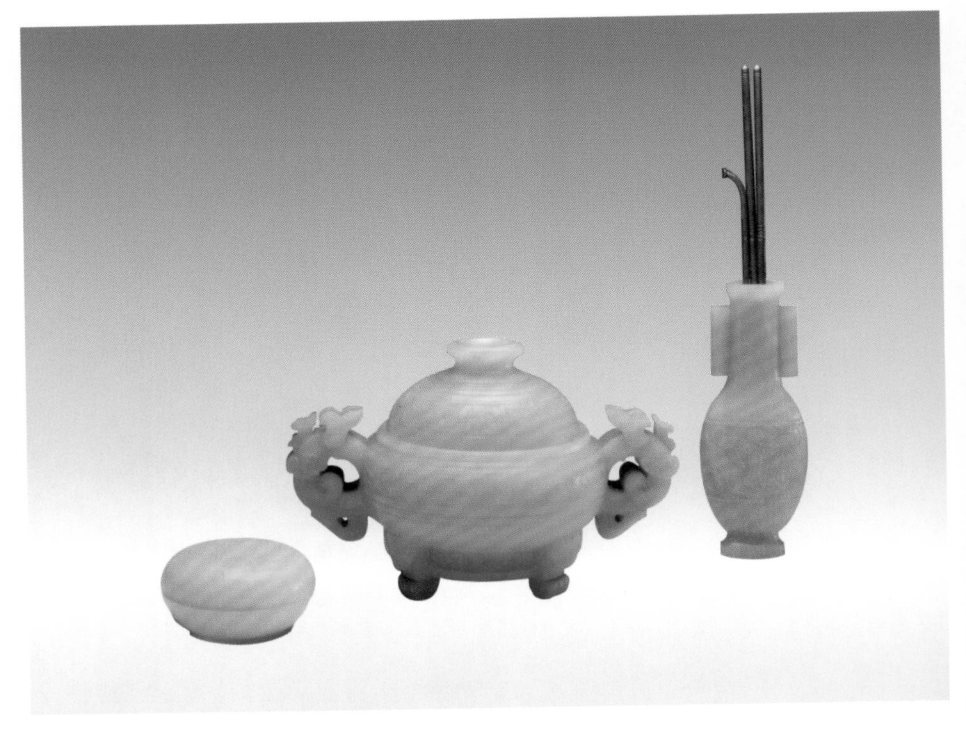

清　白玉炉瓶三事
北京故宫博物院藏

当代人焚香一般用点燃的线香和盘香，“炉瓶三事”多只作为当下书斋案供，原来的香案、香几也成了文房清玩陈设，熏香物件大都仅剩香炉。

现代的香文化，经历了一段时间的沉寂，但因其深厚的文化积淀，依然有着强大的生命力以及独特的文化艺术魅力。香文化在继承中发展，在现代技术加成下，更具发展活力。焚一炉香，为我们今人的生活增添一份烟云缭绕的雅致。

中国在香品的使用上，人群十分广泛，各个时期、不同阶层在香的使用上也各具特色。大致可以分成皇室贵族、文人雅客、民间百姓三大类。贵族的奢华、文人的情趣、百姓的实用，都体现着香与生活的联系。今天，香的使用已经不再有阶层的区分，成了人们追求美好生活的一种情趣。

中国传统香主要是熏香，通过焚烧或者对香品加热而使香气弥漫，使整个空间置于一种香带来的氛围之中，注重修养人的身体，改善整体环境，培养人的情操，一般具有一定的养生疗效。这个与西方香水的使用在理念上是有较大的不同的，西方用香水最初主要是为了遮盖不良的气味，后来主要以愉悦嗅觉、感受情绪为主要的目标。

香炉的使用，是熏香的一大特点。从燃香种类的角度来讲，有燃香草、香丸等的熏香炉，燃线香的香插炉，燃篆香的印香炉。香插和印香炉的出现比较晚，所以历史上以熏香炉为多。现代香草、香丸等较少用了，一般在熏香炉中燃放盘香。

非遗传承人制作的香器

中国香文化一直承载着中国人的生活哲学，是明心见性的精神追求，也是风流雅致的生活美学。香品、香器，匠心独运，是中国传统文化以及传统工艺的重要组成部分。香文化在生活中得以传承与弘扬，有着特殊的时代意义。通过与香的初识，了解传统香在每个时期的基本使用情况，品味时光流转中香带来的美好享受和心灵慰藉。

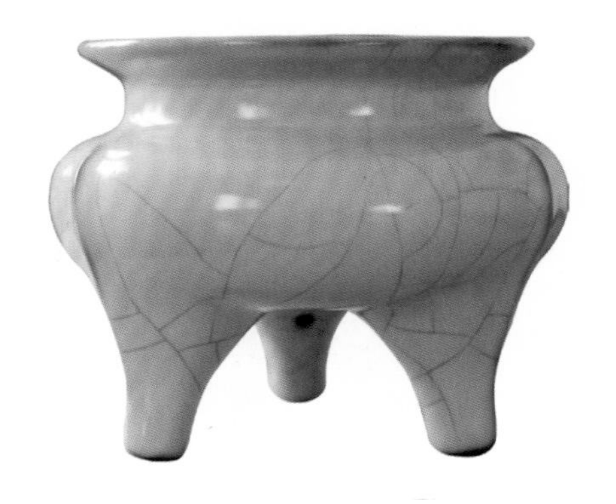

仿 北宋官瓷鬲式炉
于乐土 制

仿 汝窑淡天青釉弦纹三足樽式炉
马聚魁 制

仿 战国陶制豆形熏炉
刘德功 制

仿 明代宣德铜桥耳乳足炉·印度小叶紫檀香插
刘承林 制

（二）香有百味如何辨

我们讲的香主要是“香品”，指用天然的香料如沉香、檀香、麝香、乳香等制成的芳香物品。香料制作成的各类香品种类繁多，形式多样，有香粉、香丸、线香、盘香、锥香、塔香等不同的样式。

香粉

香丸

香品是通过制香形成的，从香材来看，制香分为单品香和合香。

单品香是香文化发展过程中早期的产物，是指单用某一种天然香料，添加黏合剂制成的香。如熟悉的沉香、檀香、麝香、迷迭香等。单品香味道单一，通过直接闻，就可以有基本的记忆判断，重在了解其气味给人的感受以及功效。

传统合香的制作根据香的用途、香型、品味等选择香料、药材，主要按照君、臣、佐、辅进行配伍，调制香品。主要过程由选材、炮制、阴干、碾压成粉、配伍、手工造、成品组成。

单品香·盘香
材质：天然有机莞香

合香的种类十分多，前人为我们留下了许多宝贵的合香方。明代周嘉胄倾毕生精力所著的《香乘》，共收录有合香香方几百种，内容完整齐备。合香的味道是综合的，我们可以从了解香料属性的角度，来理解一下“香味”。

“香”从感官来讲，就是气味。这气味从何而来？可以从香的属性去分辨。

花香类：薰衣草、茉莉花、玫瑰花等。此类香料的特点是分子活跃度高，出香快但不持久，味道鲜明、甜美温馨，较为普遍。以薰衣草为例。

薰衣草属半灌木或矮灌木，分枝，被星状绒毛，叶片线形或披针状线形，在花枝上的叶较大、疏离，在更新枝上的叶小、簇生，全株略带木头甜味的清淡香气。

木香类：沉香、檀香、降真香、松香、甘松等，特点是香气持久、稳定、香韵悠长，可单独熏香，做建材、日化或合香等使用，范围很广。以沉香、檀香为例。

沉香又名“沉水香”“水沉香”，是沉香属的树种在生长过程中形成的一种由木质部分组织及其分泌物共同组成的天然混合物质。《本草纲目》中记载：“其积年老木根；经年，其外皮干俱朽烂，木心与枝节不坏，坚黑沉水者，即沉香也”。

檀香为檀香科植物的心材，常绿小乔木，是一种半寄生的树，有公母之分，被寄生的是母树，公的就是檀香木。檀香的香气甘甜而霸气，有着如下的评语：“调气之香”“能夺众香”“逆风香”。

动物类：麝香、龙涎香、甲香等，特点是味道浓烈持久，有温暖、动情的感觉，一般多做合香配料，极少单独使用。以麝香为例。

麝，又名麝獐、香獐，是一种小型的鹿类动物，雄麝有麝香囊，是鹿类中唯一具有此囊的，能分泌麝香。麝香，又名寸香、元香，是制作高级香料的主要原料，有特殊的香气，有苦味，也可以入药。麝香香囊经干燥后，割开香囊取出的麝香呈暗褐色粒状物，品质优质者有时亦析出白色晶体。固态时具有强烈的恶臭，用水或酒精高度稀释后有独特的动物香气。

树脂类：乳香、安息香、苏合香等，分子活跃度一般，其特点是留香持久，有树脂香味，香味温和甜润。但龙脑、樟脑等例外，它们虽是树的分泌物，但非树脂，其分子活跃度极高，气味浓烈。可单独或者做合香使用。

乳香，因垂滴如乳头，气味芳香而得名。为橄榄科植物乳香树及同属植物的树脂，如卡氏乳香树、鲍达乳香树及野乳香树等干燥的树脂，野生或栽培。

清香类：包括迷迭香、柠檬、柏叶等，其特点清香宜人，给人以轻松愉快的感觉，熏香、食用都适合。

迷迭香是一种名贵的天然香料植物，多年生木本植物，高可达两米。在其

薰衣草
檀香
沉香
麝香

乳香
丁香
迷迭香
艾草

生长期会散发一种清香气味，有清心提神的功效。

辛香类：丁香、茴香、肉桂等，特点是分子活跃度较高、辛辣刺激、行气开胃，可作为香方配料之一进行和香，多用于烹饪料理，从中医的角度讲，用多了耗气。

丁香是一种古老的香料，因其形状像钉子，有强烈的香味而得名。丁香有公丁香、母丁香之分。人们常把未开放的花蕾称为“公丁香”，其花蕾晒干后可制作香料；把成熟的果实称为“母丁香”，其熟果晒干后也可作香料用。母丁香花瓣与果实丛生，击破果实后，沿着顺向的纹理破为两瓣，如鸡舌一般，因而又名鸡舌香。我国古代用的鸡舌香，大多从东南亚国家进口。

药香类：因香多有药效，故广义上大部分香都可属药香类。我们此处指的主要是作为药材使用的香，如艾草、甘草、白芷、川芎等，特点是分子活跃度适中，药用疗效显著，在中医的芳香疗法中经常用到。以艾草为例。

艾草是菊科蒿属植物，多年生草本或略成半灌木状，植株有浓烈香气。主根明显，略粗长，直径达1.5厘米，侧根多。

（三） 文·雅 香生活

在中国人的心中，焚香是一种温文尔雅的活动。它与我们的文化、生活深度结合、发展，形成了独具特色的香文化。在简单了解其历史与基础概念后，其文化思想的形成也很值得剖析。

远古的香，天地围炉，四方为壁，焚火为引，以香为祭，祈求上苍保佑，以“敬”为核心。先秦的香，依然以敬祭为主，但生活用香也开始同步发展，且人们开始将香与人的道德相互联系，认为香有着提升道德修养的作用，将香视作道德、品行的象征。

孔子在周游列国时，途经山谷，闻到阵阵幽香，见杂草丛中生有一兰，于是感叹：“兰，当为王者香，今乃独茂，与众草为伍。”之后抚琴一曲作《猗兰操》，“兰”王者香的地位一语定调，自此成为文人高士的“心头好”，品行高洁的象征。

屈原《离骚》中有“扈江离与辟芷兮，纫秋兰以为佩”，江离、辟芷、秋兰都是香料。“椒专佞以慢慆兮，榝又欲充夫佩帏”，帏也就是后来所说的香囊，现在可算是香囊的别称。这里香都具有象征意义，代表着品格的美好。

战国末期思想家荀子，提出了“养鼻”的概念，但这和之后出于个人角度的精神享受和身体角度的养护是不同的，这里是礼制的要求。

秦汉时期，香在生活中的应用逐渐增多。辛追夫人墓出土了香枕、香囊等与香相关的生活用品。辛追夫人遗体出土时，手中还握着装有香草的香囊，佐证了当时楚地“昼佩香囊，夜用香枕”的说法。

而汉代传统中医药学理论确立，使得用香养生的理论得到进一步的整理与确立。香的医药作用更加凸显，实用性进一步加强，香在“敬”与“德”文化象征意味之外，更强化了修养身体的功能。这为之后香方的产生提供了更多的理论依据，也为之后香普遍地进入千家万户、百姓人家增加了更多契机。

魏晋时期，佛教的兴盛进一步促进了香文化的发展，佛教用香成为十分重要的香事活动。这也使得佛教的禅学思想融入了香文化中，用香“静虑、思修为”成为展现香文化修养的一种形式。同时，经道家思想、五行理论、养生理论的催化，焚香养生修体也成了香文化的重要部分。

唐代香文化已经基本确立，文人阶层对于香文化的推崇，让用香之风更盛，普通的官员、士大夫也开始品香用香，普通百姓的生活中亦出现了香料的影子。品香的形式渐渐形成了程式，唐代出现的印香，在宋代广为流行，受到世人追捧，直到今天依然是香客们主要的品香方式之一。

《荀子·礼论》：『故礼者养也。刍豢稻粱，五味调香，所以养口也；椒兰芬苾，所以养鼻也；雕琢刻镂，黼黻文章，所以养目也；钟鼓管磬，琴瑟竽笙，所以养耳也；疏房檖貌，越席床第几筵，所以养体也。』

中国四大医经于汉代左右先后成书。《黄帝内经》《神农本草经》《伤寒杂病论》《黄帝八十一难经》

宋代是香文化的集大成时期，对外贸易的广泛扩大，大量香料流入，极大丰富了香料的使用范畴。经济的繁荣，社会的富足，文化的兴盛，对文人知识分子的高度重视，文人阶层空前壮大。文人对于香的歌颂与推崇，将香文化也推上了发展的高峰，香的感官享受与精神内核双双提升到了新的高度，成为观照自身与沟通彼此的文化媒介。可以说，在宋之前的香是以“文”为核心，即敬天、养德、修己身，偏向于实用；那宋代之后，香文化的核心中可以再称一个“雅”字，文化中心思想偏向于艺术化。香的艺术化让香的作用更着重于个人感官与感悟，也使得香越来越多呈现出生活的感悟与文艺的雅趣。

苏轼与黄庭坚是宋代文人香的两座高峰，而苏轼的“鼻观先参”理念，便是将香文化活动提升到参透人生道理高度的重要理论，将前人不断实践、求索的精神、文化价值凝炼成了一个概念，将原来对于感官的描述转变为形而上的精神需求。在苏黄二人的论香谈道中，“鼻观”“先参”等充满哲学意味的词语开始在香诗、香文中广泛运用，快速流传。

苏轼《题杨次公蕙》

蕙本兰之族，依然臭味同。
曾为水仙佩，相识楚词中。
幻色虽非实，真香亦竟空。
云何起微馥，鼻观已先通。

黄庭坚《题海首座壁》

骑虎度诸岭，入鸥同一波。
香寒明鼻观，日永称头陀。

诗人葛绍体《洵上人房》:“自占一窗明，小炉春意生。茶分香味薄，梅插小枝横。有意探禅学，无心了世情。不知清夜坐，知得若为清。”描述了宋人焚一炉香、品一盏茶、折枝插瓶，感悟生平道理的情景。宋人认为香炉、花瓶为养心之用，是不将焚香用的香箸、香匙放在花瓶里的，花瓶中一般是插上一枝时令花卉，以取雅意。

宋代社会富足，市民阶层兴起，百姓对于香文化广泛接受，民间茶肆、酒楼无处不用香，品香、用香也成了一种大众的休闲文化活动。至此中国香文化也真正到了上至达官贵人，下至黎民百姓，人人皆爱香的高光时刻。

明清时期，在继承了之前香文化发展的基础上，进行了总结整理。香文化进一步与理学、佛学相结合，形成品香、坐香、课香的传统香席模式。朱权的《焚香七要》基本确定了我们今天对于香席的品位、审美要求，其对于日本的香道也产生了重要的影响。

香席是由品香演化而来的文化活动，结合了文学与书法，表达了一种文化的品位。被认为是使用香品，品味香味最高雅的形式。明代文人家中普遍修建静室，并举办香席，招待客人品香习静。

香席活动从大门进入，左侧为主人，称炉主，一切以炉主为主导。主客在主人的左手边正对大门的位置，其余客人从右到左依次入席，参与香席的人数一般在三到四人左右。首先品香，主要指炉主使用的香料、工具及熏香方法等。坐香可分为三步，清鼻去除杂味；观想香趣；回味思虑香意。课香就是用书法诠释香的感受，参悟香的意念。整个过程从视觉、嗅觉的生理感受，到感性的氛围想象，再到最后的理性总结探索精神境界，形成了一个完整的习香过程。

值得重视的是，明清的香文化在理念上逐渐走向世俗化、生活化，参悟、感受人生世事的精神追求的同时，更注重对物质的享受。居家用香、实用香氛逐渐占据人们的生活，用香变成了一种日常。无处不在的香，也许是明清香文化的可贵之处。

中国香文化在精神上，可以说是以“文·雅”为线的艺术。包罗了中国千年的文化脉络，也体现了我们对于美好的追求。有礼、有节、敬长尊贤的中国人，在香文化探索的路上，从“敬”到“静”，从“修身”到“养德”，最终又回归了生活。

文化与雅艺伴随着袅袅香烟，一同融入了人的日常，让寻香之人去观察与体悟每个人自己的“道”，这便是属于中国香文化的文雅。

国韵翰墨｜香席空间

第二章 香之烟始升于先秦

从新石器时代『火』的产生，自然万物本身所散发的『自然之香』转变成『人为之香』。中华民族的先人们在祭祀中燔木升烟，告祭天地，希望得到祖先和神灵的保佑，正是后世香文化的起点。这一时期，香的使用范围由祭祀扩展到生活，香料的使用方式以直接燃烧和佩戴为主，焚香之俗已成形，有越人熏之以艾，楚人熏以桂椒的记载。而人们对香的理解，也由与神明沟通的一种途径延伸，逐渐成为品德、礼仪的符号之一。这些都为后来香事的发展奠定了基础。

（一）气味审美显于器

陶制熏炉

先秦熏炉的出现，完成了“明火烧香”到“暗火熏香”的伟大历史进程转变。明火被逐步掩藏起来，只留香味随着烟气扩散开来，标志着古人对气味开始产生审美追求。新石器时代早期陶器的发明，为熏香增添了视觉上的美感。

牛河梁女神庙遗址出土的陶熏炉是距今5500 ~ 5000年红山文化中晚期的燎祭遗存。遗憾的是它的器盖受其自身质地、结构等因素的影响，存在不同程度的损坏、缺失。作为辽宁省博物馆新馆“古代辽宁”基本陈列展品之一，展览前先后采用清洗、粘接、封护、补配、作色等方法对陶熏炉器盖进行了修复和保护，使其呈现出应有的历史、艺术价值。

红山文化 陶熏炉器盖
辽宁省博物馆藏

在上海青浦福泉山新石器晚期良渚文化的贵族墓地，1983年出土了目前为止最完整的陶制熏炉。20世纪70 ~ 80年代，上海青浦福泉山遗址发掘出了良渚文化时期的祭坛遗迹，距今5100 ~ 4000年。根据考古人员推测，祭坛用于祭天，而祭祀坑内的草木灰，正是燃烧后的祭祀遗物。

这件《灰陶竹节纹熏炉》呈斗笠形，带盖，炉盖四周饰镂6组孔纹，3孔为一组，呈三角形排列。器身为大口，斜直腹，矮圈足，外壁饰6周竹节形凸棱纹，高11厘米，口径9.9厘米。从工艺上看，反映出当时先民除了已经掌握了烧陶技术，还掌握了打磨和刻画精致纹路，使陶器更加精致美观的技术。工艺略显粗糙，侧面反映出当时的审美和制作工艺水平。这么小的炉具，应该不是祭器，可能是贵族生前的生活用品，可以在炉内熏蒸香料，香味从炉盖的18个小孔中散发出来。外观虽显古旧，却沉淀着历史，诉说着良渚文化时期的往事。

距今5100 ~ 4000年山东潍坊姚官庄龙山文化遗址曾出土一件蒙古包形灰陶熏炉，夹细砂灰陶，高17厘米，腹径14厘米，顶部开圆孔，炉身遍布各种形状的镂孔，如圆形、椭圆形、半月形等。

新石器晚期良渚文化
灰陶竹节纹熏炉
上海青浦区博物馆藏

龙山文化
蒙古包形
灰陶熏炉

长沙战国楚墓群出土的陶制豆形熏炉是专为焚香而制作的熏炉，熏炉内尚存未燃尽的香料和炭末，实证了香熏炉的使用方式。陶熏炉上有几何纹饰，器形豆形，盖上有圆形捉手，浅腹，高圈足。盖上有规则分布的小孔用以散出香气。

1955年出土于济南市战国墓的灰陶熏炉，通高13厘米，器高7.9厘米，口径11.1厘米，盖高5.1厘米，是战国时期的典型器，十分精美。

战国 陶制豆形熏炉

战国 灰陶熏炉
山东省博物馆藏

原始的排烟熏炉

曾侯乙是战国时期南方曾国的国君，“曾”指封地，“侯”指爵位，“乙”指名字。曾国与史书中的随国一国两名，曾国是西周初期周天子分封镇守南方的重要诸侯国。

湖北随州曾侯乙墓出土的长颈铜熏炉，底部是三兽足圆盘，待烧的香草就置于圆盘上。上罩喇叭形状、细长的烟囱能起到助燃的作用，侧边的小管，推测可以辅助进气。

除了这件铜熏炉，还有江苏淮阴高庄墓出土了战国原始瓷双囱熏炉，熏炉小口，直筒形双囱，球形腹，腹肩一周及下腹部均饰有瓦楞纹，腹部饰两排错列的镂空三角形气孔，平底下饰三圆柱状矮足。这是目前在我国出土的同类器物中最大的一件，其造型奇特，通体施釉，胎质坚密。而此熏炉采用双囱造型，有拔风助燃的作用，可以使香料充分点燃，盖上盖后，香气就从三角形的气孔中袅袅飘出。

陕西雍城（现在的凤翔区）出土的凤鸟衔环铜熏炉。此铜熏炉通高35.5厘米，重4千克，熏炉顶端有一凤鸟，其下为圆形的炉体。连接上方圆形炉和下方覆斗形底座的是中空六棱铜管。这段连接管有类似虹吸的效果，将部分烟气由下方排出，可参考后来出现的倒流香炉。这件铜熏炉造型奇特、设计巧妙、纹饰瑰丽。

先秦时期人们烧的香主要是原始状态的香木和香草，只需经简单的处理，就可以直接用于燃烧。由于香炉的形态是随着用香方式的变化而演变的，后期直接燃烧使用的香草逐步退出历史舞台，这类排烟熏炉也就不再出现。

不过可以想象，在遥远的过去，熏炉被摆放在贵族们的房间之中，里面填充着蕙兰一类的香料，或许还有一些动物油脂帮助它们充分燃烧，当人们用豆大的火焰点燃香料之后，芳香的气味随着香烟很快充满整个空间，沁人心脾。

战国 长颈铜熏炉
湖南博物院藏

战国 原始瓷双囱熏炉
淮安市博物馆藏

战国 凤鸟衔环铜熏炉
凤翔区博物馆藏

（二） 香的文化内核初步确立

屈原的“香草美人”

屈原是战国时期楚国诗人、政治家，是中国浪漫主义文学的奠基人。楚地自古就有熏香草的习俗，到了春秋战国时期，楚地强盛，形成了有别于中原文化的地域文化。屈原将楚国文化和自身学养相结合，成了一位空前伟大的香学达人，开辟了“香草美人”的传统。

屈原一生以香草自喻，把自然香草与人品美德紧密地联系在一起，表现高洁的品德和人格，以及忠君爱国的思想。在他的作品《离骚》中提到，“惟草木之零落兮，恐美人之迟暮。”以香木香草作比“美人”，这里的“美人”是具有多重含义的，是作者自己也是古来贤才或者说是所有具有美好品质的人，比兴的手法，也将“香”与“美人”联系在了一起；“扈江离与辟芷兮，纫秋兰以为佩。”这里“江离”指的是靡芜，“芷”指的是芷草，“秋兰”指的是兰草，三者都是香草，代表美好的品质，身上披带靡芜和芷草，又以兰草作佩饰，突出表现了诗人的高雅，是道德高尚的君子。

《离骚》里提到的香草有十多种，如：江离、芷、兰、莽、椒、菌桂、蕙、荃、留夷、揭车、杜衡、薜荔、胡绳。《九歌》中也有十几种：辛夷、靡芜、芭、芷、兰、蕙、荪、杜衡、薜荔等。这些植物的出现，可以看出当时熏香、佩戴、沐浴、饮食，无处无香草。

在《楚辞·九歌·云中君》中提到：“浴兰汤兮沐芳，华采衣兮若英。”用兰汤沐浴、白芷洗发满身飘香，穿上彩衣像鲜花一样。这体现以芳草沐浴，以求其洁净、除秽避恶，更有向高洁君子靠近，修养德性的目的。发展到汉代还出现了端午沐兰汤的习俗。

另外，屈原在《湘夫人》中描写湘夫人所居住的环境，完全被芳香植物所包围。“筑室兮水中，葺之兮荷盖。荪壁兮紫坛，�芳椒兮成堂。桂栋兮兰橑，辛夷楣兮药房。罔薜荔兮为帷，擗蕙櫋兮既张。白玉兮为镇，疏石兰兮为芳。芷葺兮荷屋，缭之兮杜衡。合百草兮实庭，建芳馨兮庑门。”这种采用香草烘托美人生活环境的方式，既是对当时贵族生活的现实描写，也是一种艺术化的表达。

对屈原而言，这些已经不仅仅是芳草，而是他的理想与追求。诗人所赋予它的精神灵魂，带给我们的不仅仅是美的享受，更是灵魂深处的思索，这也是最能体现屈老夫子诗歌价值的地方。从曹植《洛神赋》中描写的那位“践椒涂之郁烈，步蘅薄而流芳”的洛神宓妃，到左思《招隐》诗中那个用“秋菊兼糇粮，幽兰间重襟”的隐士，都沾染了屈原描写品格的香气。香也因此与文思品格长久地萦绕在了一起，在文人墨客的笔下扎了根。

香受文人雅士喜爱，因为它本身所具有的美好气味和净洁本质，是古人们追求美好生活的一种体现，也寄托了人的情感和品格。文人们将香记录在册并推广至世人面前，让随之形成的香文化流传至今。

典籍里的香

《诗经》里的《大雅·生民》:“载谋载惟，取萧祭脂。”就是占卜吉日，取萧和祭牲的脂合在一起焚烧，产生香气，使上达于神。而在生活运用方面的记载，如“彼采萧兮，一日不见，如三秋兮……一日不见，如三岁兮”(《采葛》)。可以从这些文字中看到香文化由“祭祀用香”逐渐扩展到“生活用香”。香气给人带来的是吉祥，久而久之，被赋予道德属性，成为美德的载体。

《尚书》被列为重要核心儒家经典之一，历代儒家研习之基本书籍。它是我国最早的一部历史文献汇编。

《尚书·君陈》记载："至治馨香，感于神明，黍稷非馨，明德惟馨"。政治之至者，芳香之气动于神明，黍稷之气并非最好的芳香，良好的美德才是最佳的芳馨。香者，知其香、养其德，道也！以馨香比拟德政，从某种意义上标志着香文化中"道"的至高追求的出现，同时描绘了后世香火传承、发扬美德的千古之机。

据《周礼》记载，"以莽草熏之，凡庶蛊之事。"用熏香的方式来除虫。这是关于"熏香"最早的文字记录。

《礼记》又名《小戴礼记》《小戴记》，成书于汉代，相传为西汉礼学家戴圣所编，是研究先秦社会与儒家思想的资料汇编。其中记载："周人尚臭，灌用鬯臭，郁合鬯。臭，阴达于渊泉。灌以圭璋，用玉气也。既灌，然后迎牲，致阴气也。萧合黍稷，臭，阳达于墙屋，故既奠，然后焫萧合膻芗。"祭祀大地时用郁金制作的香酒灌溉土地，祭祀上天时则焚烧萧和谷物，以芳香的气味取悦神灵，这一行为不断被重复，"香"的神圣性成了一种集体共识，正如后世梁人陶弘景所著《登真隐诀》中记："香者，天真用兹以通感，地祇缘斯以达信。"

第三章

香之初成 始于汉代

汉武帝派张骞出使西域，丝绸之路的开通促进了中原与其他地区的物品流通，西域及南海等异国香料的纷纷涌入，如沉香、苏合香、鸡舌香、安息香、龙脑、迷迭香等，不仅极大丰富了中原香料的种类，同时也将当地的用香习俗带到了中国。汉代用香除了承袭先秦时期佩戴、沐浴、祭祀、饮食入香等形式，更注重香所蕴含的精神气象。香被认为具有一种超越有形世界的美感，它看不见，摸不到，却能让人真真切切地感受到它的存在。那似有若无、氤氲流荡的幽香，使它成为抽象的境界象征，因此香也常被作为赠礼，寄予美好的祝福，中国香文化的内涵进一步得到丰富。

制香技艺在汉代也有所精进，人们尝试将合适的香料搭配使用，合香从此出现。这时还出现了与香有关的职位，被称作『香尉』，《香乘》中记载『汉雍仲子进南海香物，拜洛阳尉人，谓之香尉』。

汉代用香以先秦香文化为基础，将其赋予更加深刻的礼制、道德和情感意义，并使『香』逐步成为一个工艺门类，自此，一套内涵丰富的『香文化』体系初步形成。

（一）

多彩的王室贵族香

南越王的熏香之风

广州西汉南越王赵眜墓中出土的熏炉，可分为豆式熏炉、盒式熏炉和罐式熏炉三种。更为奇特的是发现了5件四连体的铜熏炉，迄今为止在其他墓葬中还未再发现，应该是南越国宫廷用器，里面还残存着乳香。

乳香主产于红海沿岸的阿拉伯地区，是乳香树渗出的树脂凝固而成的香料，属于树脂类名贵香料。中国不产乳香，汉时从大秦国进口的乳香主要从南海地区输入。南越王墓出土的乳香是在西耳室的一个漆盒中发现的，共26克。是乳香传入中国目前所知最早的证据，侧面说明南越国与南海地区存在着可观的香料贸易。

西汉 乳香
南越王博物院

西汉　四连体铜熏炉
南越王博物院

西汉　豆形陶熏炉
南越王博物院

四连体铜熏炉由四个互不连通的小盒组成，可以燃烧四种不同的香料，在尚未出现混合香香品之前不失为混合熏香的好方法。炉身通高16.4厘米，平面成“田”字形。由于当时的香料主要来自东南亚地区，四连体铜熏炉的发现也从一个侧面反映了岭南地区同这些地区的交往。熏炉座足中空，可以见到炉体浇铸的柱状浇口，证明它们是先分铸再合体的。这是最能反映南越国地方特色的典型铜器，其复杂的工艺反映了当时精湛的铸造技术水平。

在南越王墓葬中发现的熏炉，目前出土的有13件之多，其中铜熏炉11件、陶熏炉2件。说明此时熏香已成为南越国贵族的一种生活风尚。

汉武帝焚烧返魂香

汉武帝刘彻，西汉的第七位皇帝，是我国历史上一位带有传奇色彩的皇帝。凭借他的文韬武略，不仅使经济政治得以发展，国家达到了稳定与统一，开创了中国历史上三大盛世之一的“汉武盛世”，他也把香文化的发展推向了一个新的高峰。

汉武帝与宠妃李夫人感情甚笃，虽朝夕相伴，仍恨昼夜时短。不料李夫人突患重病，汉武帝虽时常守护又遍请海内名医，但总归无力回天。对宠妃李夫人早亡，武帝深为悲恸。以皇后之礼葬之，又命人绘其像挂于甘泉宫，日日厮守。只是仍无法闻见夫人言笑，汉武帝依旧思念难解。

传说，有官员进言说，有方士少翁能制“返魂香”，可招夫人魂归，与皇上相见。汉武帝派人把方士请入宫中，炮制香药，昼夜和香炼制。后世白居易乐府诗《李夫人》：“夫人病时不肯别，死后留得生前恩。君恩不尽念未已，甘泉殿里令写真。丹青画出竟何益，不言不笑愁杀人。又令方士合灵药，玉釜煎炼金炉焚。九华帐深夜悄悄，反魂香降夫人魂。夫人之魂在何许？香烟引到焚香处。”这段也描写了武帝为见李夫人寻人制作返魂香的情节。诗句“魂之不来君心苦，魂之来兮君亦悲。”写尽了当时痛失所爱的汉武帝的悲伤与无奈。

诗中描述的汉武帝与李夫人的爱情故事被广为传颂。叙述了香成之后，武帝把夫人使用过的金博山炉摆放在九华帐中，焚香不歇，时时期盼着奇迹的发生，毕竟相见亦悲别更悲。夫人究竟返魂否？不得而知。这些亦真亦幻的凄美爱情故事，使香更贴近生活，更为大众所接受，推动了香文化发展。

据《本草纲目》引《汉武内传》云：“返魂树状如枫、柏，花叶香闻百里。采其实于釜中水煮取汁，炼之如漆，乃香成也，其名有六：曰返魂、惊精、回生、振灵、马精、却死。凡有疫死者，烧豆许熏之再活，故曰返魂。”除去传奇的成分，此香应有辟疫防病的作用。

汉灵帝的宫中香事

明代著名的香学家周嘉胄所著《香乘》卷十四《法和众妙香》中第一个香方就是“汉建宁宫中香”。

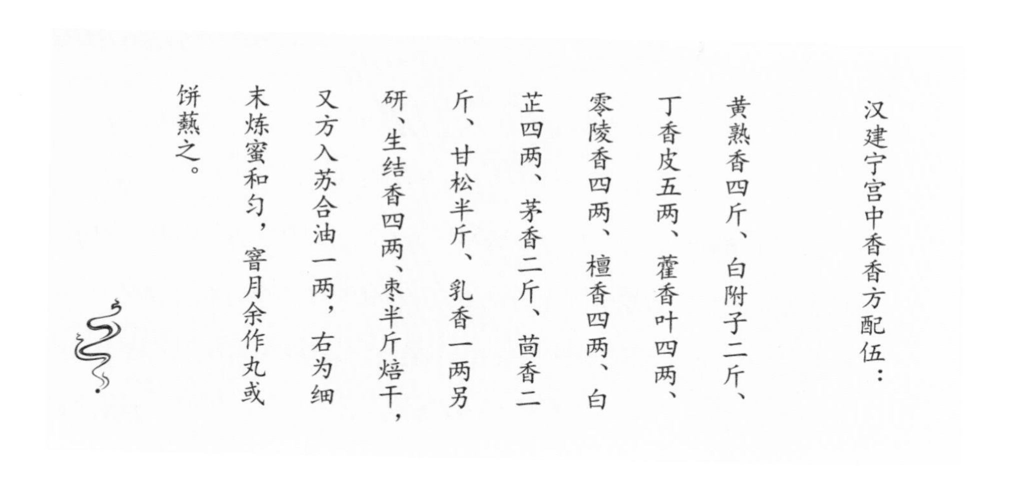
汉建宁宫中香香方配伍：

黄熟香四斤、白附子二斤、丁香皮五两、藿香叶四两、零陵香四两、檀香四两、白芷四两、茅香二斤、茴香二斤、甘松半斤、乳香一两另研、生结香四两、枣半斤焙干，又方入苏合油一两，右为细末炼蜜和匀，窨月余作丸或饼爇之。

按照周嘉胄的香方，此方需要将以上香料研成粉末，并加入炼蜜调和均匀后，需要窨藏一月左右。待取出后搓制成丸，或者还可以用印模压制成饼焚熏。此方传为汉灵帝宫中所用，是目前所知最早的和香方。

辛追夫人的香生活

辛追，长沙国丞相利苍的妻子，是1972年长沙东郊浏阳河旁的马王堆汉墓一号墓主人，她的墓室中出土了众多文物，对考古事业具有重要研究意义和价值。

墓室中有大量的与香有关的生活用品，根据考古发掘和研究，在长沙马王堆一号汉墓中，发现有香囊六个、香枕一个、熏炉两个、熏罩两个、装香的漆奁两个。其中绮地“信期绣”香囊为西汉贵妇随身携带的香袋。当时妇女用香料以避虫叮咬、祛恶、避秽等，这些香料多被装在身边携带的香囊内。

汉 绮地『信期绣』香囊
湖南博物院藏

盛装香料的香囊古时又称香包、香缨、香袋、香球、佩帏、荷包等，古人佩戴香囊的历史可以追溯到先秦时代。东汉末年儒家学者郑玄注释中写到："容臭，香物也，以缨佩之，为迫尊者，给小使也。"就是说未成年人去见父母长辈时要佩戴"容臭"，即编织的香囊，一身香风，以示敬意。同时，佩戴香药也确能增强人体抵抗力，起到防病治病的作用，保护他们幼小的身体健康成长。这种"容臭"大概是最早形态的香囊。

马王堆汉墓出土的香囊、熏炉均有数件，但药枕只此一件，且保存较为完整，十分珍贵。该药枕便是湖南长沙马王堆一号墓出土的黄褐绢地"长寿绣"枕头，出土前置于辛追夫人木椁的北边箱，枕呈长方体，是个标准的"绣花枕头"，两端的枕顶用起毛锦，上下两面为茱萸纹绣，而两个侧面则用"长寿绣"香色绢。上下和两侧面的中部，各有一行绛红线缕钉成的四个十字形穿心结，每个结都是横线压竖线，两端也各有一个十字结，以便约束枕内填塞的草芯。"长寿绣"枕出土时内部填塞佩兰叶。这可不是一般的草，是一味可入药的香草。佩兰为菊科植物，在《神农本草经》中被列入上品，称兰草。马王堆汉墓还出土了茅香、辛夷、杜衡等多种香草，盛放在香囊、香枕、熏炉以及竹筒内。使用香囊、香枕及熏香，是战国时期楚地的习俗，在汉墓中的发现乃是楚俗的相传。

汉代墓葬多随葬有陶熏炉，施以彩绘。湖南长沙马王堆一号墓出土的彩绘陶熏炉，是熏香用具，泥质灰陶，形制似豆，盖上镂空，镂空是用来做香气飘溢的出口之用，盖顶的鸟形钮周围刻划卷云纹和弦纹，造型简约。

长沙马王堆一号墓还出土了一件西汉初期的熏香用具——竹熏罩。熏香时，将香料放入熏炉内焚烧，用竹篾编成、外蒙细绢的竹熏罩罩在熏炉之上，缕缕清香透过细绢均匀散发。古人用其熏香衣物、杀菌消毒，改善室内空气；或者可以此法熏烧特殊的香料。

汉 黄褐绢地『长寿绣』枕头
湖南博物院藏

汉 彩绘陶熏炉
湖南博物院藏

汉 竹熏罩
湖南博物院藏

（二）闻名遐迩的博山炉

博山炉出现在西汉时期，与当时燃香原料的变化和人们生活方式演进有关。此前，人们使用茅香，就是把香草或蕙草放在豆形香炉中直接点燃，虽然香气馥郁，但烟火气很大。

直到西汉武帝时，南海地区的龙脑香、苏合香传入中土，将香料混合而制成的香球或香饼开始出现。下置炭火，用炭火的高温将香料徐徐燃起，香味浓厚，烟火气又不大。

形态各异、巧夺天工的博山炉也从侧面反映出熏香文化的发展。

博山炉的设计，是由山峦层层交叠而成。炉盖高而尖，上面镂雕峰峦、云气，正是象征“三座仙山”的意境，并于炉盖上再刻画人物及异禽珍兽。由于博山炉设计特别，炉盖经过特殊设计，它并不像一般的炉，香烟是直接向上，其出烟孔利用山势的层层交叠，多开在曲折隐蔽之处，平视时不见其孔隙，熏燃之时烟会环绕在香炉盖的周围，形成像山岚的形状，之后再袅袅上升，如同仙境的感觉。而这，也形成了赏香的另一种形式：观烟。

西汉的封建帝王大都信奉方士神仙之说，博山炉“仙境”般的熏香体验，恰巧迎合了这种需求，使它在汉朝广为流行。

豆马村汉墓考古发掘的鎏金银铜竹节熏炉，通体为铜铸，熏炉的底座上装饰两条镂空蟠龙，龙仰头张口，恰好衔住竹节形柄，竹节形的柄分为五节，寓意节节高升。柄的上端有三条蟠龙，龙头托着炉盘，炉体下部雕饰蟠龙纹，底色鎏银，龙身鎏金，炉体上部浮雕四条蟠龙，龙首回顾，漫游于波涛之中，炉盖为镂空的多层山峦，云雾缥缈，再加以金银勾勒，宛如一幅秀美的山景。青烟袅袅飘出，缭绕炉体，造成了一种山景朦胧、群山灵动的效果，恰如传说中

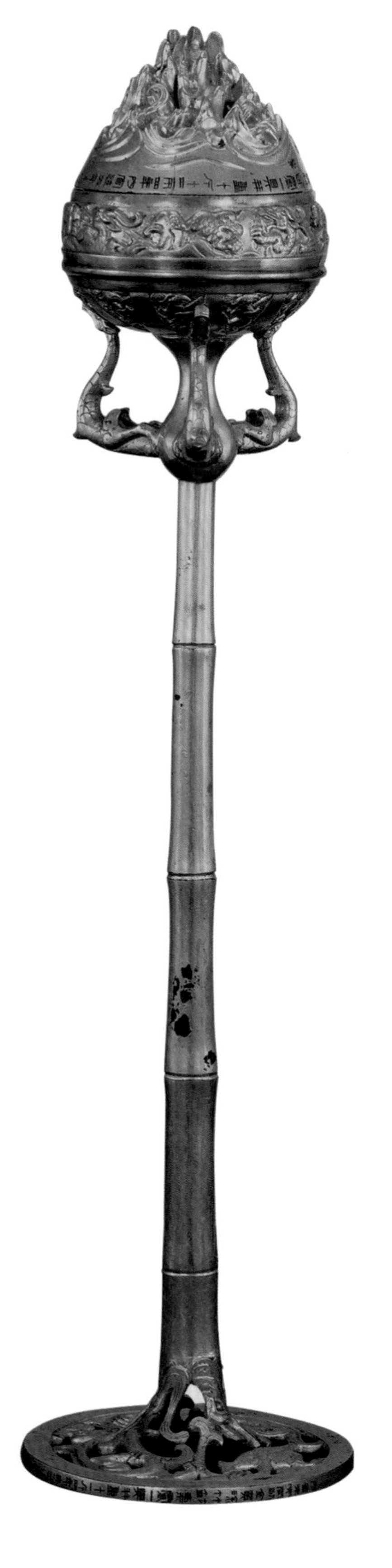

汉　鎏金鎏银铜竹节熏炉
陕西历史博物馆藏

神仙居住的博山。整体独特的造型和高超的制作工艺让人称奇，也充分体现了汉代文化的独特性。

整件熏炉被分为三个装饰区域，共有九条龙装点其间。“九”在我国古代象征最高数字，是皇权的一种体现。从炉盖外侧铭文可知，此炉是西汉皇家未央宫的生活用器。从同时出土的“阳信家”刻铭的铜器分析，这件熏炉应当是汉武帝赐给姐姐阳信公主的。

中山靖王刘胜是汉武帝同父异母的长兄，他被封赏的错金银博山炉也是等级最高的博山炉之一。

错金银博山炉汇合仙山、大海、神龙、异兽等多种元素，不仅反映出汉代人求仙和长生的信仰体系，也体现了大汉王朝“包举宇内，囊括四海”的胸怀与气度。用失蜡法铸造而成，炉身似豆形，作子口，盖肖博山；炉座圈足作错金卷云纹，座把透雕作三龙腾出水面的头托炉盘状，炉盘上部和炉盖铸出高低起伏、挺拔峻峭的山峦；炉身下承短柄及喇叭形座；通体满布错金纹饰，炉体饰云气纹，线条圆转，与起伏的山峦相融合，富于灵动之气。高超的铸造技艺充分诠释了盛世时期汉代工匠高度的智慧和非凡的创造力。

河北满城出土的西汉中山靖王刘胜之妻窦绾的骑兽人物博山炉亦堪称博山炉之典范。此炉由炉身、炉盖、底盘三部分组成。炉盘中部为一骑兽力士，力士屈膝骑在卧兽上，左手撑于兽颈，右手擎托炉身。兽跪卧、昂首，张口欲噬，作挣扎状。炉身圆鼓腹，炉盖透雕，分上、下两层，上层铸出重叠的山峦，流云缭绕，山云之间有猛虎扑羊、人兽搏斗以及人赶牛车等场面，下层铸有龙、虎、朱雀、骆驼等动物以及树木、云气等纹饰。

这几件博山炉造型精致，工艺卓绝，体现出汉代工匠纯熟的铸造技艺，彰显盛世汉朝豪放雍容的时代气象，具有那个时期独特的艺术文化特征。也是汉代香文化形成的重要佐证。

汉　错金银博山炉
河北博物院藏

汉　骑兽人物博山炉
河北博物院藏

第四章

香之情调见于六朝

魏晋南北朝是一个文化多元、思想自由的时代，是我国传统文化历史长河中一个十分重要的组成部分，这一时期的文化富有强烈的时代特色和地域特色，且具有鲜明的兼容性，用香盛行。因为魏晋风度的大盛，熏香也被认为与人的情调、风度相辅相成，香文化也因此走向成熟。

（一） 王室贵族的香情调

癖好熏衣的魏文帝

魏晋时，熏衣成为王室贵族的日常之风，最具代表性的当属爱香的魏文帝。

魏文帝曹丕，字子桓，魏武帝曹操之子，三国时期政治家、文学家。据传，他非常喜好熏香，曾经因为身上的香气太盛而致马匹受惊，因骑的马受不了香气，就在他的膝盖上咬了一口，魏文帝于是杀了马，但仍继续保留自己的熏香习惯。在《魏书·方技传》中便有“马恶衣香，惊啮文帝膝”的记载。

熏衣就是给衣服熏香，其功效与现在使用的香水类似。熏衣时一般用的是带承盘的博山炉，这种熏炉的优势是在焚香的时候，在博山炉足底的承盘中放上热水，让水蒸气和烟气合为一体，形成雾化的状态，使附着在衣服上的香气均匀柔和而且没有烟味。因此，这种熏衣方法在当时非常流行。

魏文帝曹丕非常喜欢迷迭香，据说他在宫苑里种满了迷迭香，不仅自己随身佩戴，还邀请王粲、曹植、陈琳、广场等人一起作《迷迭香赋》。

曹丕《迷迭香赋》序曰：“余种迷迭于中庭，嘉其扬条吐香，馥有令芳，乃为之赋。”

曹丕《迷迭香赋》

生中堂以游观兮，
览芳草之树庭。
重妙叶于纤枝兮，
扬修干而结茎。
承灵露以润根兮，
嘉日月而敷荣。
随回风以摇动兮，
吐芬气之穆清。
薄西夷之秽俗兮，
越万里而来征。
岂众卉之足方兮，
信希世而特生。

周处的青釉香熏

周处，西晋大臣、将领，东吴鄱阳太守周鲂之子。周处少年时期纵情肆欲，曾与山中白额虎、桥下蛟并称“三害”。后来他悔过自新，出仕东吴。在东吴被西晋灭亡后，效力于西晋政权，在讨氐作战中战死沙场。

东吴所在的江南地区，与北方相比战乱较少，社会相对安定，这为东汉晚期出现的制瓷工业的发展创造了良好的环境。这件西晋青釉镂空香熏出土于江苏宜兴周处墓，是由当时南方地区的瓷窑烧制的，熏炉呈球形，高19.5厘米，球径12.1厘米，承盘口径17.8厘米。造型独特，制作精致，是贵族使用的熏香用具。从东汉到两晋南北朝，瓷质熏炉实际上已经逐渐取代了其他材质的熏炉，成为人们熏香的主要用具。西晋时期，瓷器的成型方法增加了镂雕、堆塑等手法，这件青瓷香熏在制作上体现了当时新手法的应用，展现出制瓷业发展的时代特点。

西晋 青釉镂空香熏
中国国家博物馆藏

寿阳公主的梅花香

寿阳公主梅花香是被人们尊为“梅神”的南朝宋武帝刘裕之女“寿阳公主”传世的十三款名香之一。

《太平御览·时序部》引《杂五行书》:“宋武帝女寿阳公主，人日卧于含章殿檐下，梅花落公主额上，成五出，花拂之不去，皇后留之看得几时。经三日洗之乃落，宫女奇其异，竞效之，今梅花妆是也。”此俗传至唐宋，妇女多在脸上画各式图案，有斜红、面靥等名目；涂唇有万金红、大红春、内家圆等名目。寿阳公主冰清玉洁，又与梅花有缘，无意间使“梅花妆”盛行，因此寿阳公主在传统上，成了人们歆慕的“梅花花神”，而梅花以清晓、高洁、孤寒之美，成为深入人心的符号。

寿阳公主挚爱梅花，然而好花不常开，为了随时都能闻到梅花的香味，善于制香的寿阳公主调配出一款梅花香。为了收集梅花那不落凡尘的香气，她让宫女们在雪天的早晨收集白梅，然后配以多种香料制成。这个香方，最早记载在宋人沈立的《香谱》中，后来收录在明代《香乘》中，名为“寿阳公主梅花香”。

寿阳公主对梅花的喜爱如痴如醉，而她得梅花神髓而配制的“梅花香”“雪中春信”“春消息”被历代制香家誉为“梅香三绝”。

（二）

有情有趣的文人用香

六朝文人士大夫用香讲究，上层社会注重仪容和风度，熏香、熏衣、佩香、敷粉十分流行。《颜氏家训》记载："梁朝全盛之时，贵游子弟多无学术，至于谚云：'上车不落则著作，体中如何则秘书。'无不熏衣剃面，傅粉施朱，驾长檐车，蹑高齿屐，坐棋子方褥，凭斑丝隐囊，列器玩于左右，从容出入，望若神仙。"

荀令留香

荀彧，字文若。颍川郡颍阴县（今河南许昌）人。东汉末年政治家、战略家，曹操统一北方的首席谋臣和功臣。世称"荀令君"。

荀彧好熏香，久而久之身带香气。《襄阳记》中记载"荀令君至人家，坐处三日香"，说的就是他所坐之处的香味三日不散，于是有了"荀令留香"的典故。此典故又有"令公香""令君香""荀令香"等别称。

唐代王维《春日直门下省早朝》中有"骑省直明光，鸡鸣谒建章。遥闻侍中佩，暗识令君香"之句。李颀诗作《寄綦毋三》中也有"顾眄一过丞相府，风流三接令公香"之语。李百药《安德山池宴集》诗则有"云飞凤台管，风动令君香"。之后"留香荀令"与"掷果潘郎"一样，成为美男子的代名词。

曹植与迷迭香

三国时期著名文学家曹植的代表作品《迷迭香赋》序曰："迷迭香出西蜀，其生处土如渥丹。过严冬，花始盛开，开即谢，入土结成珠，颗颗如火齐，佩之香浸入肌体，闻者迷恋不能去，故曰迷迭香。"

从曹丕、曹植二人的《迷迭香赋》中能感受到，曹植更显细腻华丽，仿佛置身于迷迭香的枝叶中，每一个字都展现了迷迭香的秀丽；曹丕虽也有委婉意境，但其刚直向阳之势已然体现在每一句诗里。由此可以看出兄弟二人截然不同的性格，也成就了两人不同的历史舞台。

不管最后曹丕和曹植人生的结局如何，至少迷迭香曾让两兄弟坐在一起闻香赋诗……植物本不能言，是曹丕、曹植两兄弟给迷迭香赋予了情结，让它的芳香情调流传千年。

曹植《迷迭香赋》

播西都之丽草兮，应青春而凝晖。
流翠叶于纤柯兮，结微根于丹墀。
信繁华之速实兮，弗见凋于严霜。
芳暮秋之幽兰兮，丽昆仑之芝英。
既经时而收采兮，遂幽杀以增芳。
去枝叶而特御兮，入绡縠之雾裳。
附玉体以行止兮，顺微风而舒光。

韩寿偷香

韩寿，南阳堵阳人，西晋开国功臣贾充的女婿。《晋书》中形容他是一位玉树临风的帅哥，说他“美姿貌，善容止”。

韩寿偷香，是与其有关的一则有趣的故事。南朝宋刘义庆《世说新语·惑溺》记载：“韩寿美姿容，贾充辟以为掾。充每聚会，贾女于青璅中看，见寿，说之，恒怀存想，发于吟咏。后婢往寿家，具述如此，并言女光丽。寿闻之心动，遂请婢潜修音问，及期往宿。……后会诸吏，闻寿有奇香之气，是外国所贡，一著人，则历月不歇。充计武帝唯赐己及陈骞，余家无此香，疑寿与女通……充乃取女左右婢考问，即以状对。充秘之，以女妻寿。”讲的是晋代开国功臣贾充之女贾午倾慕韩寿，遣婢女找韩寿转达思慕之情，韩寿听说后动心，便偷偷私会，贾午暗中偷拿武帝赐的西域异香送给韩寿。此香奇异，一旦接触人身则数月不散，在一次会见下属时被贾充发觉，于是将女儿贾午嫁与韩寿为妻。这也算是因“香”而结的一段姻缘。

谢玄的紫罗香囊

谢玄，东晋名将、军事家。豫州刺史谢奕之子，太傅谢安的侄子。

谢玄年少时喜欢戴紫罗香囊，一种用紫罗缝制的香囊佩饰，除此，腰间还经常挂着绣帕之类的物品。谢氏家族不乏名士，谢安、谢奕、谢万名闻于世，谢安更是功勋卓著。他对家中子侄的人生选择特别关注，谢玄的性格趋向让他很担忧。当时的贵族子弟奢靡之风盛行，他觉得谢玄整日将精力用在佩戴紫罗香囊的打扮上，容易玩物丧志。希望自家的侄子能像个男子汉，可以担起家门的重责，应该将眼光放长远，将精力用在将来做大事上，不可以这样阴柔。但又不想伤了谢玄的自尊心，于是在某一次游戏时，将紫罗香囊作为与谢玄博戏的筹码，设法把香囊取过来并将其烧掉，谢玄了解了其苦心，从此再也不佩戴这一类物品。

因而有“谢安巧取香囊”的故事流传。《晋书》中提到：“玄少好佩紫罗香囊，安患之而不欲伤其意，因戏赌取，即焚之，于此遂止。”这也从侧面证实了当时文人世家用香之普遍。

（三）《和香方》的初现

我国香学史上“和香”第一次正式作为概念阐释是在南北朝范晔所撰《和香方》中，“和”即搅拌的意思，“和香”是制作“合香”的过程。

范晔是南朝刘宋政权时期的官员，更是著名的史学大家，他出生于士族家庭，学识渊博，他编著的《后汉书》与《史记》《汉书》《三国志》合称“前四史”。《和香方》是他编写的我国第一部香类专著，反映了当时的用香制香观念与状况，很有价值。

据洪刍《香谱》中记，其序云：“麝本多忌，过分必害；沉实易和，盈斤无伤。零霍惨虐，詹糖粘湿。甘松、苏合、安息、郁金、捺多、和罗之属，并被于外国，无取于中土。又枣膏昏懞，甲馢浅俗，非惟无助于馨烈，乃当弥增于尤疾也。”

从这段话中，我们可知南北朝合香的使用已非常普及，以多种香料配制的香品，在六朝时已被广泛使用，其中载有关于部分香料特点和使用注意事项的论述，指出各种香的用量：麝香应慎用，不可过量；沉香温和，多用无妨。从现在仅存的序文中可以发现，南北朝对于香的合和与香品的性状已经有了相当的认识。

《宋书·范晔传》中载：“此序所言，悉以比类朝士，麝本多忌，比庾炳之。零藿虚燥，比何尚之。詹唐黏湿，比沈演之。枣膏昏钝，比羊玄保。甲煎浅俗，比徐湛之。甘松苏合，比慧琳道人。沉实易和，以自比也。”

从这段评述中，我们能看到，文人士大夫不仅仅熏香、制香，还以香药喻人。不同香的特点与人的品格被联系在了一起，对于香的品鉴有着深远的影响。

第五章

香之成熟 完于隋唐

隋唐之前，由于大多数香料，特别是高级香料并不产于内地，多为边疆、邻国的贡品，所以可用的香料总量很少，即使对当时的皇家、贵族来说也是稀有之物，级别稍低的官吏更难以享用，这在很大程度上制约了香文化的发展。唐代香文化随着唐朝的兴盛而迅速发展。大唐王朝幅员辽阔、地大物博，各种资源虽极其丰富，但也难以满足人们对香料的需求。进口成了唐代香料的一个重要来源，陆上丝绸之路与海上丝绸之路是域外香料入唐的主要通道，对我国香文化的发展起到了很大的推动作用。香与唐人丰富多彩的生活交织在一起，谱写出一曲独属大唐的芳香咏叹调。

（一）

用香奢靡的皇室贵族

隋炀帝杨广夜焚沉香的奢靡情景开启了隋唐奢华用香的源头，令我们后人叹为观止。

而在唐朝，用香成了朝廷的一项制度。唐制规定，凡朝会之日，须在大殿上设置黼扆、蹑席，并将香案置于天子的御座之前，宰相面对香案而立，在弥漫着神奇魔幻的香气中处理国事。皇室日常用香成风，宁王李宪每与人谈话，先将沉香、麝香嚼在口中，这样启口谈话时，香气便可喷于席上。皇室如此，权臣也不甘人后。唐代有名的权臣杨国忠的"四香阁"，以珍贵香木作为建筑材料和重要的陈设品，甚至比皇宫中的"沉香亭"更为奢华。

奢华用香之源隋炀帝

据《香谱》记载："隋炀帝每至除夜，殿前诸院设火山。数十车沉水香，每一山焚沉香数车，以甲煎沃之，焰起数丈，香闻数十里。一夜之中用沉香二百余乘，甲煎二百余石。"说的是隋炀帝在除夕夜都会烧很多很多香料，大概是两百多车沉香、二十多吨甲煎。《太平广记》也有对隋炀帝用香的记载，"隋主每当除夜至岁夜……甲煎二百石"。

庞大的数字教我们认识了一个字："壕"。

我们对隋炀帝杨广奢靡生活似乎是一种固有认知，《炀帝开河记》记载："隋炀帝自大梁至淮口，锦帆过处，香闻十里。"我们不难想象这位风流皇帝的舰船上：美女焚香，花天酒地，奢靡无度。

唐玄宗的“香山”

唐玄宗李隆基，先天元年（712年）至天宝十五年（756年）在位，是唐朝在位时间最长的皇帝，开创了唐朝的极盛之世——开元盛世。

自唐初始建的华清宫，在唐玄宗时期到达鼎盛。大兴土木，在骊山崇饰离宫别苑供自己游幸取乐、沐浴温泉。唐皇室爱香嗜香，常把芳香木材直接用于搭造建筑物。《太平广记》记载“垒瑟瑟及沉香为山”，将香木制成香山，不仅是对于香味的追逐，更多与这一时期山水卧游观念的形成有关。唐玄宗李隆基在华清宫用稀有的沉香木搭建的香山，是皇家的豪奢装饰，也是山水卧游的畅神之物。

杨贵妃的香生活

白居易的《长恨歌》中“春寒赐浴华清池，温泉水滑洗凝脂”，描绘了“华清赐浴”的香艳场面，一代帝王唐玄宗与之钟爱的杨贵妃之间的爱情故事在世间传唱不衰，引人遐思。华清池里有一种假山用沉香制成，浸入荡漾的水里面，沉香便会散发出幽香。除此之外，沉香最有名的就是可以美容。杨贵妃长得丰腴美艳，具有闭月羞花之貌，而且肌肤白皙柔滑，据说这与她长期在此泡汤有很大关系。

相传她沐浴时，还会把鲜花和草药放入水中，此水有嫩肤之效且三天之内身体香味不散。以致千年之后，人们依然流连于华清池的香韵。

“沉香亭”传说全部是用一种名贵的沉香木建成的，故称“沉香亭”，是古代长安兴庆宫里的一组园林式建筑，供唐玄宗和杨贵妃夏天纳凉避暑之用。李白那首绝艳的《清平调》就是写于此，花香与沉香，美景与美人，君王与才子，沉香亭北，栏杆内外，成就了千年美谈。

李白《清平调》

名花倾国两相欢，
长得君王带笑看。
解释春风无限恨，
沉香亭北倚阑干。

相传杨贵妃还喜爱佩戴交趾国贡献的龙脑香，当年的瑞龙脑可不简单，是龙脑树脂蒸馏之后得到的结晶。《酉阳杂俎》记载："天宝末，交趾贡龙脑，如蝉蚕形。波斯言老龙脑树节方有，禁中呼为瑞龙脑，上唯赐贵妃十枚，香气彻十余步。"

玄宗曾在暇时与人弈棋，贵妃立于局前观，乐工贺怀智在侧弹琵琶，风吹贵妃领巾落于怀智幞头上，怀智归家，觉满身香气异常，遂将幞头收藏于锦囊中，多年之后，仍然香气蓬勃。

宰相杨国忠的四香阁

杨国忠，唐朝外戚、宰相，杨贵妃族兄。玄宗时期杨国忠建造"四香阁"，堪比皇家的"沉香亭"。《开元天宝遗事》云："国忠又用沉香为阁，檀香为栏，以麝香、乳香筛土和为泥饰壁。每于春时，木芍药盛开之际，聚宾客于此阁上赏花焉。禁中沉香之亭，远不侔此壮丽也"。

同昌公主的七宝步辇

同昌公主是唐懿宗的爱女，深得圣宠，宠溺的程度在历史上也是无可比拟的。咸通九年，下嫁起居郎韦保衡，礼仪之盛大，其豪华程度终唐一朝，绝无仅有。

《太平广记》卷中记载，同昌公主乘坐七宝步辇出行时，步辇的四角都缀有五色锦香囊，里面装有辟邪香、瑞麟香以及金凤香等外国进贡的名贵香料，中间还掺糅着龙脑香。在唐朝，香囊一个很大作用就是用于步辇的装饰。

同昌公主出行时所乘，用香囊装饰过的步辇，香气四溢。加之那时盛行熏香，公主日常以名香熏衣，以致所到之处芳香扑面而来，令人沉醉其中。

多情香痴李煜

南唐后主李煜能书善画，尤以词的成就最高，对后世词坛影响深远。他极其爱香，所以治国理政之余，调香和熏香也是他生活的一个重要内容。

他写过的香词非常多，例如著名的《浣溪沙》：

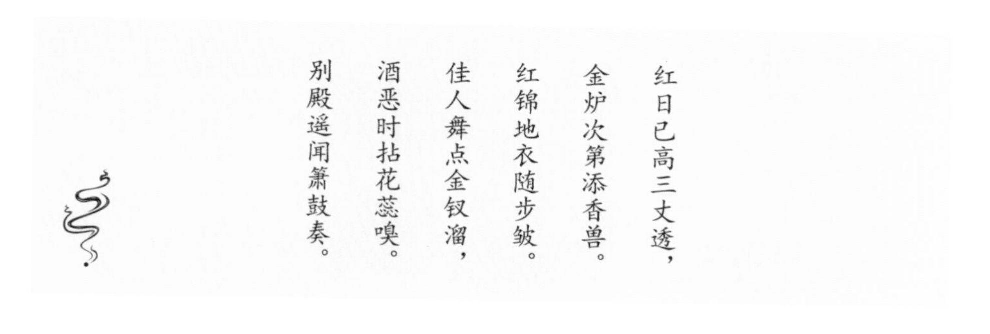

“金炉”“香兽”等已并非一般人家轻易置得，又何况是“次第添”，可见皇家奢靡用香之风依然。李煜一早就焚香看歌舞、赏佳人、听箫鼓，风情无限旖旎，在他的眼里是那样和谐自然。

又如这首《采桑子》：

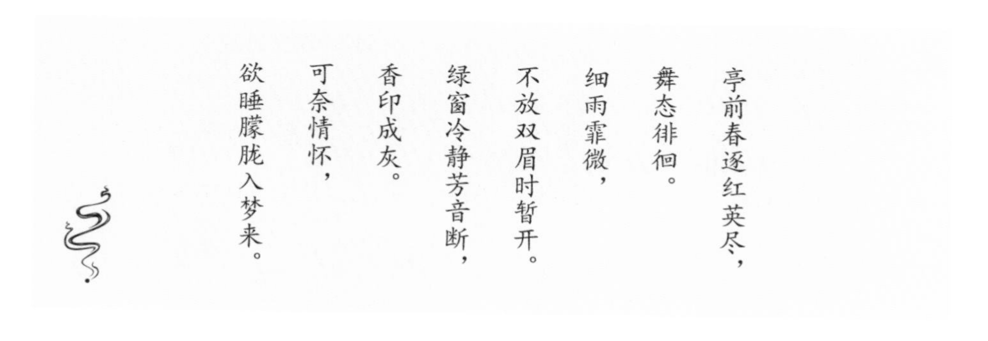

绿窗独倚，唯有香作伴。相思难断，却只有梦中才能见。李煜诗词中的“香”，描写的大多是宫廷生活与日常生活的用香情景，这也反映出李煜的性格特征，不适政治，亲近生活。在历代的合成香料配方中，与李煜有关的“江南李主帐中香”与“李主花浸沉香”都辑录在香类书籍中。《陈氏香谱》中所记载的“江南李主帐中香”香法共有四种。

江南李主帐中香香方：

方一　沉香一两（锉细如炷大），苏合香（以不津瓷器盛），右以香，投油，封浸百日，爇之，入蔷薇水更佳。

方二　沉香一两（锉如炷），鹅梨十枚（切研取汁），右用银器盛，蒸三次，梨汁干即可爇。

方三　沉香末一两，檀香末一钱，鹅梨十枚，右以鹅梨刻去瓤核，如瓮子状，入香末，仍将梨顶签盖，蒸三溜，去梨皮，研和令匀，久窨可爇。

方四　沉香四两，檀香一两，苍龙脑半两，麝香一两，马牙硝一钱（研），右细锉不用罗，炼蜜拌和烧之。

李煜不仅流传下了经典的诗词，他对香事的研究与独到的见解，也对中国香文化的发展做出了很大的贡献。

皇室用香奢靡浪费，但在一定程度上促进了香的发展。

（二）格调完美的香器

隋唐用香的繁盛还体现在各种精美的焚香器具的制作上，各类精巧工艺，制作出了各种令人叫绝的器具，堪称格调完美。

出土于隋代丰宁公主杨静徽与驸马韦圆照夫妇合葬墓中的绿釉莲瓣蟠龙博山炉，造型生动，技艺娴熟，是一件罕见的绿釉瓷博山炉珍品。此炉由炉盖、蟠龙立柱莲瓣炉身和炉座上下叠砌而成，绿釉瓷质地、仰莲瓣造型、蟠龙柱是此炉的三个显著特征。这件炉置于一大圈足圆盘中，绿釉瓷质，蘑菇形钮；炉盖在汉代盛行的山峦起伏状博山熏炉的造型基础上稍做改进，受佛教文化艺术影响，博山渐同莲花结合在一起，使炉腹呈现出仰莲形，传统的山峰演变成联珠纹沿边的花瓣，其上则是精细的孔雀翎纹，一对蟠龙承托炉体。

唐代绞胎三足炉利用绞胎的纹理将器身的纹饰搭配成不规则的团花图案，是绞胎器物中难得的佳作。通体绞胎，即以两种颜色胎泥绞出花纹。此炉炉口外卷，圆腹，下承以三兽足。造型端正，炉身与三足比例合理。

三足炉是河南巩义窑常见的器形，其造型仿自唐代的金银器，品种以唐三彩较为多见，此外还见有白釉、黑釉、蓝釉等品种。此绞胎三足炉亦应是巩义窑制品。

隋　绿釉莲瓣蟠龙博山炉
陕西考古博物馆

唐　绞胎三足炉
北京故宫博物院藏

出土于陕西何家村的忍冬纹五足银熏炉，熏炉整体造型舒展大方，风格凝重典雅。这件银熏炉由三部分组成：上层为半圆形盖，盖面镂刻三层如意云纹，中间铆有一仰莲瓣宝珠钮；中层为一周忍冬桃状纹饰；下层为圆盘状炉身，炉盘内墨书“三层五斤半”5字，有五个兽蹄形足，其间设置五根链条，使熏炉既可以平放，也可以悬挂。中层与下层结合处焊有两朵如意卧云，起固定作用。

唐代的熏香，除熏炉以外，还有一种可以置放于被褥之中的熏香器亦大为盛行。此器具被称为“卧褥香炉”“被中香炉”“香囊”“香球”“金砸”等，用于祛除污秽之气，芳香被褥。

《西京杂记》中把这种熏香的器具称为“被中香炉”：“长安巧工丁缓者……又作卧褥香炉，一名被中香炉，本出房风，其法后绝，至缓始更为之。为机环转运四周，而炉体常平，可置之被褥，故以为名。”

唐 忍冬纹五足银熏炉
陕西历史博物馆藏

这种“被中香炉”现常称香囊或熏球，属唐代金属香囊最具代表。法门寺塔下地宫共出土两枚香囊，一大一小，由唐僖宗供奉。其中唐鎏金双蛾团花纹银香囊是唐代香囊存品中迄今发现最大的一枚。直径12.8厘米，链长24.5厘米，重547克。香囊为镂空球体，上下半球体以合页铰链相连，钩状司前控制香囊开合。上下球体均装饰刻画五朵双蛾纹团花，冠饰四蛾纹团花。球底装饰着折枝团花，镂空的阔叶纹样。下半球体内有以两个同心圆组成的持平环，铆接香盂于其中并与球体相连。球冠有圆钮，上接U形结构长链。链端套有环钩，链下端有莲蕾饰物。香囊内的香盂铆接于双层持平环上，环又与下半球铆接，使香盂面始终保持平衡。无论香囊怎么转动，香灰都不会洒出来。这种持平装置早被我国掌握，唐代时被熟练地应用于香囊之中，代表了古代劳动人民的聪明才智和高超技艺。

唐 鎏金双蛾团花纹银香囊
法门寺博物馆藏

另外，西安南郊何家村唐代窖藏亦出土了一件镂空飞鸟葡萄纹银熏球，现收藏于陕西历史博物馆“何家村窖藏文物展”内。直径4.7厘米，链长7.4厘米，外壁镂空飞鸟葡萄纹。香囊设计巧妙，制作精工，充分反映了当时工匠们的聪明才智。镂空葡萄飞鸟纹寓意着五谷丰登、多子多福，是唐代流行的装饰图案。其镂空制作技艺法要比法门寺出土的那枚香囊更精细，显然同是唐代的产物。

《旧唐书·杨贵妃传》中有载，安史之乱玄宗赐死杨贵妃，并葬于马嵬坡，玄宗后来自蜀地重返京都，念及旧情，密令改葬。当挖开旧冢时，发现“初瘗时以紫褥裹之，肌肤已坏，而香囊仍在”。

件件精美的香器，也昭示着香文化发展进入成熟期。

唐 镂空飞鸟葡萄纹银熏球
陕西历史博物馆藏

（三）朴雅的百姓用香

唐人还将香应用于日常饮用品中，用香药作饮既止渴又补益，这种方法自唐代一直盛行到宋代。杜宝《大业拾遗录》曰："寿禅师甚妙医术，作五香饮，第一沉香饮，次丁香饮，次檀香饮，次泽兰饮，次甘松饮，皆别有法。以香为法，以香为主，更加别药，有味而止渴，兼于补益。"

唐代长安城中西市已经有了专门做"饮子"的店铺，生意十分好，但不及宋时那么流行。

那时达官贵族口中会含着沉香、麝香这样的名贵香材来保持口气清新，用香已经是一种社交礼仪。但普通百姓消费不起价格昂贵的"沉麝"，会选择价格相对便宜的鸡舌香清新口气。鸡舌香即丁香，"口含鸡舌香"也有在朝为官之意，唐代诗人刘禹锡《朗州窦员外见示与澧州元郎中郡斋赠答长句二篇因以继和》诗曰："鸳鹭差池出建章，彩旗朱户蔚相望。新恩共理犬牙地，昨日同含鸡舌香。"讲的也是这个。

唐五代的用香也与生活结合，最典型的例子是对花焚香，不同种类的花搭配不同香料，妙不可言。陶谷《清异录》曰："对花焚香，有风味相和，其妙不可言者。木犀宜龙脑，酴醿宜沉水，兰宜四绝，含笑宜麝，薝卜宜檀，韩熙载有五宜说。"其后，在宋代便发展成了民间的"生活四艺"之一。

（四） 唐诗里的香学

唐代的文人普遍用香，大多数都喜香爱香。香烟与禅意在唐诗的瑰丽辞藻中融合，馥郁漫卷的文字，让一代代后人能够了解盛唐的香学文化。

众所周知，诗人白居易晚年隐居香山，号香山居士，对香道文化十分推崇。据全唐诗统计，他的诗有近百处有关香的描述。这首《道场独坐》（“整顿衣巾拂净床，一瓶秋水一炉香。不论烦恼先须去，直到菩提亦拟忘。”）更是体现出诗人与香道的不解之缘。道场之中“一炉香”是白居易以香入禅之道，“一瓶秋水一炉香”则是白居易以诗情入香的最佳写照。《冬日早起闲咏》里的“晨起对炉香，道经寻两卷”则表现了早晨睡梦初醒时，焚一炉好香，可以清心醒梦。此中之香，为伴读生活之物。还有《石榴树》中“春芽细炷千灯焰，夏蕊浓焚百和香”，以“香”喻“花”，可见香已经日常到可以比拟自然风物的程度。

李白的情诗《杨叛儿》中的“博山炉中沉香火，双烟一气凌紫霞”写男女双方相会，正像沉香投入博山炉中，两股沉香烟，双烟缠绕成一气，一起飘飘然升入云霄。形容情意融洽，生活情调欢快、浪漫。

贾至《早朝大明宫呈两省僚友》诗中有“剑佩声随玉墀步，衣冠身惹御炉香”，描写了衣冠上沾染了御香炉里散发而出的香味。

杜甫《奉和贾至舍人早朝大明宫》也有“朝罢香烟携满袖，诗成珠玉在挥毫”，讲述大臣们衣袖生香，挥笔便可做锦绣文章。

韩翃的《赠王随》中“帐里炉香春梦晓，堂前烛影早更朝”讲了晚上睡觉时也备有合适的夜香即“帐中香”，间接体现了帐中香的使用在唐代比较流行。

王建的《田侍中宴席》中“香熏罗幕暖成烟，火照中庭烛满筵”则是描写了娱乐宴会时焚香助兴。

张籍的《题李山人幽居》里“无事焚香坐，有时寻竹行”讲的是清闲无事的时候在幽室焚香一炉可以畅啸抒怀。

罗隐的《香》诗云：“沉水良材食柏珍，博山炉暖玉楼春。怜君亦是无端物，贪作馨香忘却身。”诗的前两句描绘了一个品香环境，上好的香料在优美的博山炉中点燃，袅袅的青烟，为富丽堂皇的楼宇增添了一抹怡然的春色。后两句表达了微妙而又丰富的感慨，感慨那香料自降身价只因贪作馨香，把自己化作博山炉里的熏香，在高门显第的玉楼中，去点缀富贵人家的生活，但耗尽了自己的生命。诗人在这里似乎想用香料的堕落去隐喻生活中的那些贪求富贵的人，最终实际上是将生命耗费在了毫无意义的事情上面。

香在唐朝之兴盛，在众多的诗词中可见一斑。不同的场合，不同的用途，都有着对应的香。从生活琐碎到感悟人生的道，在唐代文人的笔墨中能看到香学更多的思想文化内涵。

第六章

香之风雅书于宋朝

经过汉唐的发展，到了宋代，海外香料的进口贸易呈现前所未有的繁荣，制香业也发达到后人难以想象的水平。自赵匡胤起，宋朝皇帝对香料贸易皆十分重视，海上丝绸之路的贸易品种由唐代的珍宝犀角、象牙渐变为以香料贸易为主，『香料之路』由此闻名世界。宋人常用的香和我们现在的不同，主要用香丸和香饼，我们现今经常用的是线香和盘香。另外北宋时有一种类似于后来线香的香，名『玉箸香』，算是线香的前身。苏洵的诗《香》中就描写『捣麝筛檀入范模，润分薇露合鸡苏。一丝吐出青烟细，半炷烧成玉箸粗。道士每占经次第，佳人惟验绣工夫。轩窗几席随宜用，不待高擎鹊尾炉。』由此可知此香比较粗，状如筷子。

宋人一般常用的香丸、香饼是人工调制的合成香料，属于“合香”。合香按不同的比重配制出来不同的香品，香味也是不一样的。制作合香的原则是按“君臣佐使”的道理调配，主香配上佐香，使其发出来的香味饱满宜人，更加丰富，且有层次感，每个时段会有不同的香味。当时具有代表性的有“贵族四合香”“山林四合香”等。

宋朝是中国香文化的鼎盛时期，宋代人不仅自己研究香料，还专门整理出来香方、香谱，出现了许多对后世影响深远的香道书籍，成为香文化的重要史籍。北宋末年陈敬的《陈氏香谱》集各家之大成，收录了十一部前人著作，并总结为香之品、香之异、香之事、香之法四卷，可谓宋代香道之大观，此风气一直延续到明代。丁谓的《天香传》，着重于沉香的品鉴和理论总结。范成大《桂海虞衡志》中的《志香》，总结蜀地出产的香品，叶廷珪的《名香谱》和《海录碎事·香门》，颜持约的《香史》，洪刍的《香谱》，不一而足，足以窥得宋朝人在合香方面的研究以及对于香料的讲究！吴自牧在其笔记《梦粱录》中记载：“烧香点茶，挂画插花，四般闲事，不宜累家”，点出了宋代文人雅致生活的“四事”或“四艺”。此四艺者，透过视觉、嗅觉、触觉、味觉，品味日常生活，将日常生活中的香提升至艺术的境界。

（一） 有钱任性的皇室贵族香

宋朝皇室与权贵以用香为尚，珍贵香料，足以用作赏赐之物。册封皇后、节日庆祝、君臣欢宴、赏封功臣，等等，皇帝常常赐香以示恩宠。宋代皇宫会专门设置制香工坊，朝廷还成立了专门管理香料的部门，宋朝达官贵人家还会专门设置一个叫作香药局的部门来掌管香料以及用香事宜，足以看出香文化的兴盛。《孙公谈圃》中有关宋真宗时期的记载为："真宗一日……又赐香药，皆珍宝也。"

宋末元初周密创作的杂史《武林旧事》中记载：若宫中后妃有孕将近七个月者，内藏库会准备檀香匣和沉香酒。檀香匣以示隆重，沉香酒作为宋代产妇良方。

宋徽宗御赐降真香

宋徽宗赵佶是宋朝第八位皇帝，不仅擅长绘画，而且在书法上也有较高的造诣，创造出独树一帜的"瘦金体"。他酷爱玩物赏藏，把书画和珍宝以及道教的灵香降真香藏在宣和内府中。宣和内府即北宋徽宗宣和年间掌管珍贵历史文物的府藏机构，宋徽宗爱享用和收藏的各种珍贵物品都储藏在这里。

降真香是上乘香料，主要供皇家贵族享用、玩赏，是高贵生活的代言，象征着品位。

日常有多种品闻、玩香方法。一种是燃香，降真香醇和甜凉，香味清远，雅致内敛，静心品味，缕缕清香，沁人心脾，安定心神，这种方法香味清冽，不宜近品。另一种品闻方式是熏香，隔火熏焚，香气更温和。降真香油脂含量较高，直接燃香香味有时太过清烈刺鼻，想要降低降真香的烈度，需要将其中的油脂去除一些。明朝的周嘉胄在《香乘》中给出的方法最简单，“出降真油法：将降真截二寸长，劈作薄片，江茶水煮三五次，其油尽去也。”

《茅山志》卷之三·上清嗣宗师刘大彬造敕江宁府句容县茅山道士洞元通妙大师刘混康：“朕执古之道以御今之有，嘉与希夷守一之士，以正浇漓之习，惟尔专气致柔，敦其若朴，虽道尊德贵，莫之能爵，而名实称谓，其可已乎？宜申锡于命书，庶激扬于后学，尚推尔素以辅善民，可特赐号葆真观妙先生。（崇宁二年七月二十五日中书舍人白时中行。）朕以卿道备德隆，陈诚助国，特颁异号，故显高仁。若以恤物济功未殚嘉称，诰命宜当祇受，勿复固辞，想宜知悉……付诏书等，及赐祠部，余各赐紫衣师号，亲书画扇，暑热可以召风。镇心符子，告求数贴。傅希列等回，附物下项：‘沉檀笺香各二十斤，生熟龙脑五斤，降真香十斤，四味果子二十篭，御书画扇头十个，香药二分。（崇宁五年七月初四日）’”其中详细记载了徽宗赐香的原因，也是徽宗收藏使用降真香的直接证据。

宋徽宗的香境画作

宋朝的瓷器、青铜制造技术成熟，出现众多香器。当时称香器为“出香”，一个“出”字，把熏香的动态加了进来，多了几分灵动和趣味。宋代“出香”以瓷为主，烧瓷技术高超，瓷窑遍及各地，瓷香具（主要是香炉）的产量甚大。在造型上或是模仿已有的铜器，或是另有创新。宋代最著名的汝、官、钧、哥、定五大官窑都制作过大量的香炉，具有很高的美学价值，三足弦纹樽、鬲式炉等很有代表性。

在宋徽宗未设官窑之前，在北方诸窑中，汝窑为魁，是烧造青釉的瓷窑。宋哲宗曾敕命汝州烧造的贡御瓷器，代表着当时中国青瓷的最高艺术成就，香炉三足弦纹樽为汝窑的典型器。汝窑的窑址远离京城，宋徽宗不能按照自己的艺术标准亲临指挥，烧制瓷器。于是，决定“弃汝兴官”，引入汝瓷在开封自置窑口，创烧华贵端庄的“新”瓷器。北宋官窑口是我国陶瓷史上第一个由朝廷独资投建的“国有”窑口，宋代官窑瓷也是第一个被皇帝个人垄断的瓷器种类。

宋徽宗引入汝瓷窑系的制作精华，把当时开封陈留东窑独具特色的东（冬）青瓷釉和“紫口铁足”的制瓷工艺用于官瓷的烧制，创出了中国青瓷巅峰之作——北宋官窑。官瓷，充盈着皇室高贵典雅的艺术神韵和光彩，称得上是大师巨匠精湛技艺和宋徽宗杰出艺术才华合璧的典范。

宋代名作《听琴图》传为徽宗赵佶所作，描绘官僚贵族雅集听琴的场景。主人公正是徽宗本人，道冠玄袍，居中端坐，凝神抚琴，左右两边坐墩上两位纱帽官服的朝士对坐聆听，左面绿袍者笼袖仰面，右面红袍者持扇低首，二人神思安定，沉醉在这悠然的琴音中。作者以琴声为主题，巧妙地用笔墨刻画出“此时无声胜有声”的意境。画面背景简洁，如盖的青松和摇曳的绿竹衬托出庭园高雅脱俗的环境，而几案上香烟袅袅的熏炉伴着优雅琴声一道，更增添出一种清幽的氛围。

《听琴图》抚琴之人右侧有一黑色高几上面摆放有通体为白色的香炉，袅袅青烟从炉中飘散出来。香炉，上部有盖，是封闭式的瓷器熏炉，底部有承盘。在宋代，这种底部有承盘的香炉并不多见，此香炉某种程度上沿袭了汉代博山炉的制式。据北宋吕大临所撰《考古图》记载：“香炉，象海中博山，下有盘贮汤，使润气蒸香，以象海之回环。”画中香炉底部的承盘是用来浇注热水的，热气上升到达炉内，浸润烟气，似乎有点“加湿器”的效果。

宋 《听琴图》轴
北京故宫博物院藏

《听琴图》局部

《文会图》局部

宋徽宗赵佶的《文会图》描绘的是文人学者以文会友饮酒赋诗的场景。一座幽静的庭院，柳树前方有一张石制的桌几，桌上放着一张琴和琴谱，琴边还有一尊香炉。杨柳树旁是一张大型的黑漆桌案，桌案上整齐摆放着果盘、酒樽等，众位文士正围桌而坐，姿态各异、潇洒自如。桌案旁设有小桌和茶床，小桌上放有酒樽、菜肴等物，茶床上陈列茶盏、茶瓯等物，一童子手提茶壶，意在点茶，另一童子手持长柄茶勺，正在将点好茶的茶汤，从茶瓯中盛入茶盏。这幅画精致明净，画中人物众多，却雅而有致，繁而不乱，体现了宋徽宗高超的绘画才能。诗酒纵情、焚香烹茶、抚琴、赏景，表现出了他们的雅致情怀。

徽宗画作中的香炉直接为我们展现了香是当时贵族生活中必不可少的部分。

宋《文会图》
台北故宫博物院藏

烧钱的贵族殿堂、宴会香

宋代贵族十分钟爱一种叫作“龙涎香”的香料，古人认为其为龙的涎水所化而得名。但是这种香并非中国所有，主要来自大食国。宋代周去非《岭外代答》中载：“大食西海多龙，枕石一睡，涎沫浮水，积而能坚，鲛人采之以为至宝。”

龙涎香是“舶来品”，且产量不高，可与黄金等价，有“海上浮金”之称，在宋朝经常被皇帝用来作为礼物馈赠内宫亲属。那深墙内府中，龙涎香被用于各殿堂大厅熏香。《四朝见闻录》载：“宣政其盛时，宫中以河阳花蜡烛无香为恨，遂用龙涎、沉脑屑灌蜡烛，陈列两行数百枝，焰明而香滃，钧天之所无也。”以如此名贵的香料灌成香烛，照明取香，不能说不奢侈。

那么龙涎香到底是什么呢？其实它本是海洋中的哺乳动物抹香鲸肠道内的分泌物，排出体外后，凝结成块，经过海水长时间的浸泡，去除杂质后形成的香，燃烧后产生奇异的香味。香气馥郁、稳定，芳香持久。宋代文人王洋作《龙涎香》诗曰：“搴露纫荷楚泽舷，未参南海素馨仙。大门当得桂花酒，小样时分宝月圆。诗挟少陵看妙手，犀通神物为垂涎。使君少住幽兰曲，时傍鬟山照鬓边。”

龙涎香过于珍贵稀少，于是退而求其次，就有了类似的合香。诗人杨万里有一首《烧香七言》，“琢瓷作鼎碧于水，削银为叶轻如纸。不文不武火力匀，闭阁下帘风不起。诗人自炷古龙涎，但令有香不见烟。素馨忽开抹利拆，低处龙麝和沉檀。平生饱识山林味，不柰此香殊妩媚。呼儿急取烹木犀，却作书生真富贵。”此中的“古龙涎”在宋代是各类高档合香的统称，从诗中“素馨忽开抹利拆，低处龙麝和沉檀”的描写可知，其素馨花香韵散出茉莉香，再由沉、檀香打底，又有龙脑、麝香之气，香气妩媚，亦可见上等合香原料的奢侈。宋人陈敬所著的《陈氏香谱》中有一个古龙涎的方子，与这个配伍较相近。

《陈氏香谱》古龙涎香方：

沉香半两，檀香、丁香、金颜香、素馨花各半两（广南有，最清奇），木香、黑笃实、麝香各一分，颜脑二钱，苏合油一字许，右各为细末，以皂子白浓煎成膏，和匀，任意造作花子、佩香及香环之类。

当时贵族常用的熏香还有“四合香”，或称“贵族四合香”“大四合香”，与文人的山林、小四合对应。

《陈氏香谱》中“四合香”是以沉香、檀香为主料，辅以龙脑和麝香。或许不妨推测，这四样贵重香料的组合，在宋代是一种公认为“最优组合”，经典香型。

《陈氏香谱》四合香：

沉、檀各一两，脑、麝各一钱，如法烧。

宋代贵族筵席皆需焚香，筵席用香都十分讲究，用得不好还会被人耻笑。常用的一种叫作巡筵香的，香料名贵，使用复杂。明周嘉胄《香乘》中就有关于巡筵香的记载。

《香乘》巡筵香香方：

龙脑一钱、乳香半钱、荷叶半两、浮萍半两、旱莲半两、瓦松半两、水衣半两、松蒳半两，右为细末，炼蜜和匀，丸如弹子大。慢火烧之，从主人；主以净水一盏引烟入水盏内，巡筵旋转，香烟接了去水盏，其香终而方断。

而即使这么麻烦，巡筵香也不是最繁杂昂贵的香料。

宋代宫廷用香兴盛，官宦富贵人家效之，烧香不计成本，宴会用香更是极尽奢靡，权臣蔡京便是其中代表。曾慥的《高斋漫录》之中记载："白督耨初行于都下，每两值钱二十万。蔡京一日宴执政，以盒盛二三两许，令侍姬捧炉巡执政坐，取焚之。"为了一个宴会，直接烧掉了近四十到六十万钱！当真是在烧钱了！

丁谓的《天香传》

丁谓，字公言，苏州府长洲（今江苏省苏州市）人。诗词音律，琴棋书画，无一不通。曾官拜宰相，封晋国公，后因包庇罪被贬海南。宋仁宗乾兴元年（1022年）至天圣三年（1025年），在海南写下长达两千余字的《天香传》。流落岭南十五载，最终卒于光州，享年七十二岁。

一生毁誉参半，但一部《天香传》在中国香文化史中举足轻重。特殊的人生经历和政治背景，使其撰写的《天香传》对香的论述与评价，见解独到且完整全面。他曾经负责皇家用物的监造等事务，后又长期伴君左右，因此对于皇室用香标准、香材品种、用香礼仪认识深刻。宋真宗时期，十分崇道，而道教文化中沉香便是不可或缺的养生修性之物，丁谓作为宠臣也收到很多香药赏赐，见识了各种皇家珍品。他对于宋代宫廷与道仪用香的规范了如指掌，让他能够妥帖地分析记述各地香的种类与特征，这也是他能够著成《天香传》的基础。

加之他本身博闻强记，对于宗教、文化都颇有了解，底蕴深厚。据《东轩笔录》记载，丁谓临终前半月已不食，只是焚香端坐，默诵佛经，沉香煎汤不断小口喝一些，并嘱咐后事，神识不乱，正衣冠而悄然逝去，荣辱两忘，大变不惊，非寻常之人。“焚香”“默诵佛经”“喝沉香汤”几个点，不难发现，丁谓与佛教、香学的深层羁绊，以及在此方面的认识造诣。

《天香传》是中国古代对沉香品质进行评价与鉴定的第一部文献，并首次对海南沉香进行了级别分类，肯定了海南沉香的地位，开启了宋代以“香”为主“四般闲事”的雅致生活。

文章从儒家、道家、释家等多方面谈论用香历史、香料产区、香材优劣等，全面论述、记载了中国香文化的主要内容。

由于丁谓亲历产香源头，品香经验丰厚，是历史上对沉香有详细见解的第一人，他提出的沉香气味“清远深长”的评价标准，深深地影响着后人对沉香气味的鉴赏，奠定了海南岛黎母山所产沉香第一的地位，使得其后历代论香者皆以海南沉香为正宗。可以说，岭南沉香文化始于丁谓，并在后世不断发展成熟。他提出从烟、气、味三方面来比较香的优劣，也成为后来文人们的品香标准。

《天香传》中提到沉香的品类有“四名十二状”。“四名”指的是沉香的分类，也就是沉水、栈、生结、黄熟。“十二状”指的是沉香的外观，包括质地、色泽、形状等。可分为：乌文格、黄蜡、牛目、牛角及蹄、雉头、洎髀、若骨、昆仑梅格、虫镂、伞竹格、茅叶、鹧鸪斑。这套分类标准沿用了近千年，对后世沉香的分类描述影响深远，现今的沉香分类也基本由此而来。

（二）

清雅有趣的文人香事

不同于皇室、权贵对于熏香奢华的追求，宋代文人更加注重格调，追求山林气息和清雅生活。南宋陈郁就曾谈论，认为文人焚香最重清雅。一个“雅”字贯穿宋代文人香事的始终。而认定一款合香是雅是俗，取决于香料的香味品质，而非原料与价格。

而与贵族四合香对应的山林四合香或名小四合香尤为受文人的青睐，一般用各种自然材料制作，如果皮、果核等，文人戏称其为“穷四和”，这个香方没有特别严格的规定，香方也有多个版本流传。山林四合香不单单是一种香，更多承载了文人对于山林田园生活的向往，以及不流于俗的志趣。

宋朝文人流行亲手制香，许多文人在制作合香上更是个中高手，如苏东坡、黄庭坚等。各种有趣、别致的香方不断被改进、复刻或者重制，如苏东坡的“韩魏公浓梅香”，黄庭坚的“意合香”“小宗香”等，流传至今的就有数十种。他们不仅仅在制香上推陈出新，在思想境界上也达到了很高的高度。苏轼的“鼻观先参”理念，可以说是中国香文化最凝练的思想理论。他与黄庭坚的诗歌笔谈，记录了他们有趣的香文化人生，也在这种探讨中为香的品评注入了更多哲思力量。

宋代绘画中也记录了各种场合的焚香场面，如雅集、香席等，为后人研修香学提供了重要的依据，也让人们对那个风流文雅的时代有了更深切的向往。

宋代还涌现了大量的香诗，文坛名家几乎人人皆有佳作，盛况空前，这也是香学文化鼎盛的重要标志。在这些名家的诗文中，我们很容易发现，香几乎是弥漫在当时人们生活的每个角落，吃饭、睡觉、品茗、作诗……无处不在，处处生香。

有香不见烟

杨万里《烧香七言》诗中“诗人自炷古龙涎，但令有香不见烟”，“有香不见烟”说的就是不见明火烟气，但感幽香缓缓流淌，萦绕于周身。作为宋朝最主流的焚香形式，深受文人的喜爱。《陈氏香谱》中讲：“焚香，必于深房曲室，矮桌置炉，与人膝平，火上设银叶或云母，制如盘形，以之衬香，香不及火，自然舒慢，无烟燥气。”

在香炉中装入精制的炭灰，用专门的香箸拨开一个小坑，放入一块烧红的木炭，盖上一层炭灰，用香铲（香铲一般用来舀、堆、铲理香灰）将炭灰堆成小山模样，在小山上戳几个通风的小孔，让里面的木炭不会熄灭。在炭灰上面放置一张银片或者云母片，在银片上放香料，炭火的热量慢慢炙烤香料，香味缓缓流出。

《烧香七言》中也有“琢瓷作鼎碧于水，削银为叶轻如纸。”的描述，其中银叶就是熏香时用的隔火银片。

文人焚香还有一套自己的品鉴标准，香味不可太过浓烈，追求气味悠长，淡雅清香，意味幽远，引人遐思。隔火熏香时要控制炭火，炭火太热香味过浓时加炭灰控温，炭火太弱香味太淡时刮灰升温。焚香的人，需要具备品鉴香味能力的同时，还要学会调控火候的技巧。

那时的文人还有一个雅趣，就是“斗香”。《香乘》中记录了这种斗香的活动方式，“韦武间为雅会，各携名香，比试优劣，曰斗香会。”

文人士大夫们并不以香料的名贵品评其优劣，而是要从香的设计、香气的风格、香雾的形态、留香的时间、焚香的意境，等等，去品评玩赏。据说那时有一种海外舶来的沉香，就因为香味太过浓烈，意味短，有焦味，尽管是名贵的沉香，依然备受嫌弃。

画作中的香趣

中国历史上有三大雅集，第一个是东晋时期在绍兴组办的“兰亭雅集”，第二个是北宋时期在王诜宅地举办的“西园雅集”，第三个是元朝时江苏昆山举办的“玉山雅集”。雅集之上，饮酒作诗，焚香烹茶。文人墨客齐聚的盛况，成了绘画作品创作的源泉，也记录了当时文人雅集的具体形式，为我们研究当时的文化提供了重要资料。烧香是宋朝文人雅集中必不可少的点缀，“今人燕集，往往焚香以娱客，不惟相悦，然亦有谓也”，称“燕集焚香”。

条案上的三足香炉

宋 马远《西园雅集图》局部 美国纳尔逊博物馆藏

宋代“西园雅集”是由当年北宋的驸马王诜组办的，西园就是这位驸马的宅地园林，邀请了当时的文化名流，包括苏东坡、李公麟、黄庭坚、晁补之、秦少游等，会后李公麟乘兴作“西园雅集”图卷将当时的场景记录了下来，完整地再现了宋代的那一次巅峰聚会。群贤集会的盛事，最终使“西园雅集”成为当时文人精神栖息的文化象征，成为中国人物画题材中的经典母题，成为后世文人跨越时空向往追慕的精神园地。“西园”作为文人文事、精神高蹈的象征，后人纷纷临摹描绘，其中著名宫廷画家马远的《西园雅集图卷》描绘的十分细致。

图卷中间苏轼执笔正在作画，画案上放了一个精致的三足香炉，可见当时文人作诗焚香的雅兴。米芾题写的《西园雅集图记》中亦说“水石潺湲，风竹相吞，炉烟方袅，草木自馨，人间清旷之乐，不过于此”。

文人们不仅在众人围坐的雅集上焚香，独处之时也不忘风雅，“燕居焚香”是为日常。

苏轼《三月二十九日二首·其一》诗中的“酒醒梦回春尽日，闭门隐几坐烧香”，陆游《冬日斋中即事》中的“烧香袖手坐，自足纾幽怀”，杨万里《己未春日山居杂兴十二解》中的“从教三日风和雨，闭户烧香不看花”，讲的都是文人雅士闲居独处时的焚香。马远还有一幅《竹涧焚香图》，画的也是这样的场景。

宋　马远《竹涧焚香图》
台北故宫博物院藏

《竹涧焚香图》
局部

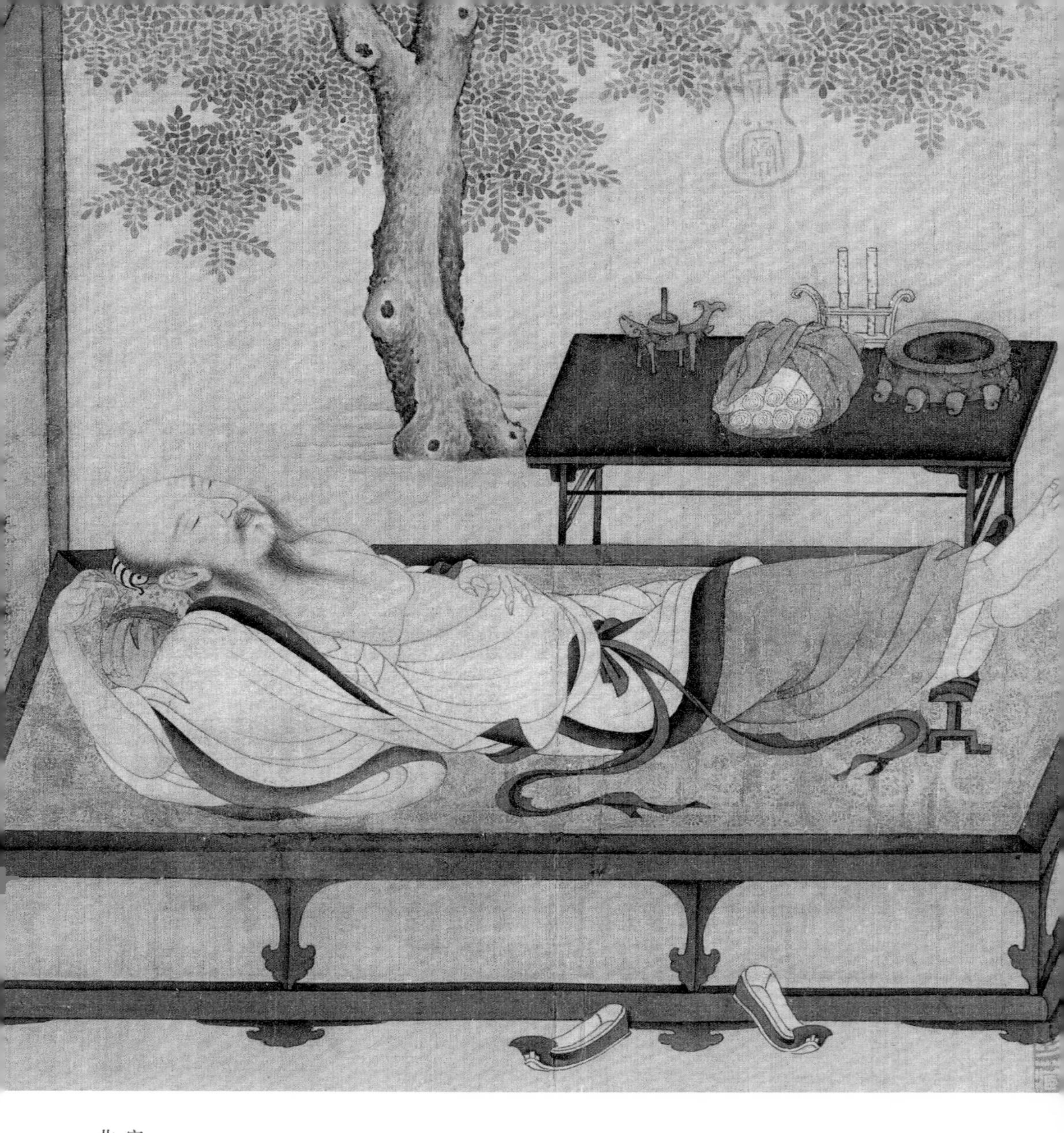

宋 佚名《槐荫消夏图》
北京故宫博物院藏

宋 刘松年《听琴图》
美国克利夫兰博物馆藏

宋代画作《槐荫消夏图》中，远处槐树高大，羽叶繁茂。藤榻上一位文人仰卧休憩，姿势不羁，身旁书案上摆放着香炉、蜡扦、手卷等用具。睡梦之中，香风阵阵，神游庄周梦境，亦是香气缭绕。

除了传为宋徽宗赵佶的《听琴图》，还有一幅刘松年所绘的《听琴图》。画中一张香几，香几上放着一只香炉，左侧主人抚琴，右侧友人倾听，所谓“约客有时同把酒，横琴无事自烧香”，展现了宋人在欣赏音乐时，亦会焚香，增添赏乐之趣。同时可以看出宋代香生活走入民众生活的趋势，反映了宋代文人群体的社会生活。

宋 李嵩《听阮图》
台北故宫博物院藏

李嵩《听阮图》
局部

李嵩的《听阮图》中，士人于树下置榻，闲坐其上，听着弹阮女子的琴音，放松惬意。仪态美好的侍女在边上焚香、打扇。

从画中可以看到，榻前有一个方形香几，有束腰、直腿，用以承放香炉。

从南宋刘松年的《山馆读书图》与《秋窗读易图》上我们可以看到，读书人在案头放置了小巧的香炉，应是读书时用来焚香的。许多宋诗中都描绘了文人这样的习惯，如陈著的《次韵梅山弟》中就有“挂画烧香书满前，丰标清出剡溪源”，陈宓的《和喻景山》有“而今已办还山计，对卷烧香爱日长”，陈必复的《山中冬至》有“读易烧香自闭门，懒于世故苦纷纷”，等等。沈作喆在《寓简》中也记有“每闭阁焚香，静对古人，凝神著书，澄怀观道”。

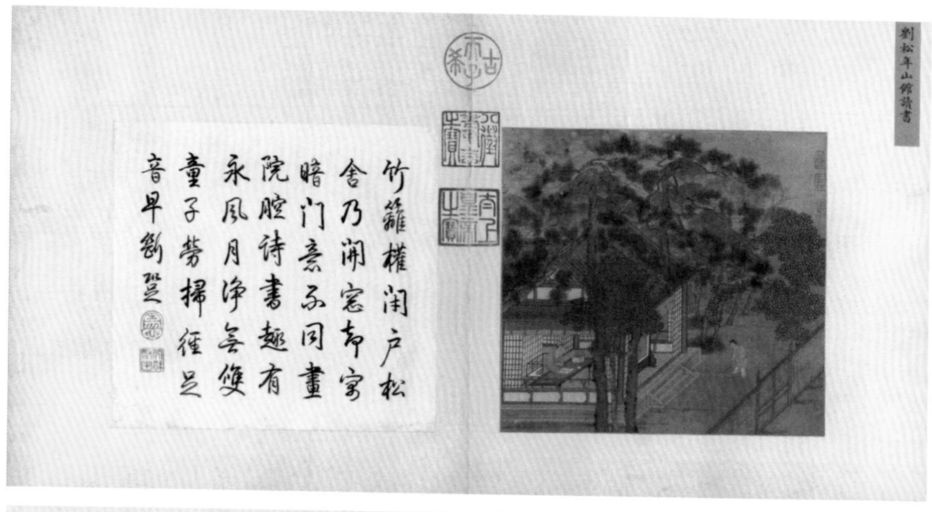

宋　刘松年《山馆读书图》
北京故宫博物院藏

宋　刘松年《秋窗读易图》
辽宁省博物馆藏

点茶与焚香同为宋朝文人雅道，可谓“煮茗烧香了岁时，静中光景笑中嬉”。

陆游《初寒在告有感》

扫地烧香兴未阑，
一年佳处是初寒。
银毫地绿茶膏嫩，
玉斗丝红墨沈宽。
俗事不教来眼境，
闲愁那许上眉端。
数棂留得西窗日，
更取丹经展卷看。

我们看传为刘松年《撵茶图》中的情景，恰是“时与幽人遇，烧香煮茗芽”。

侍者在烹茶，全套茶具已经搬出来，主人与宾客坐在书案边，书案上香炉正飘着缕缕轻烟。文思、茶味、幽香在这一方天地间融合，作者敏锐地把握住了茶、香与生活内在共通的一个“雅”字。今人观之，也可感受这满篇雅意。

制香达人苏东坡

苏轼（1037年—1101年），字子瞻，号东坡居士，眉山（今四川省眉山市）人，北宋中期文坛领袖，诗、词、散文、书、画等方面都取得了很高的成就，才名远扬。与黄庭坚并称“苏黄”，为“唐宋八大家”之一。

除此之外，在生活上，苏子也是风雅至极。改良冠帽，因而有了“东坡巾”。热爱美食，以他名字命名的“东坡肉”至今被人们所称道。如此有才华的他，还是一位制香达人，似乎也不是什么奇事。

苏轼第一任妻子王弗去世后，苏轼怀念她时以描绘妻子生活习惯的角度作了一首《翻香令》，记录往日点滴幸福，描写惜香之情，透露出对亡妻悠远而深沉的思念。我们在这深沉的思念里，也看到了他们当年以香自娱的日常，以及以香寄情的闲趣。

诗里追忆妻子曾经焚香的场面，燃香将尽，焚香的金炉还暖着，用宝钗翻拨残香，再闻，还有淡淡余熏在，气味甚至比之前好过一筹。背着旁人偷偷加了些沉香，盖子盖上，只希望芳香多留片刻，因为爱香情深，生怕氤氲而升的香气突然断绝。

苏轼《翻香令》

金炉犹暖麝煤残。
惜香更把宝钗翻。
重闻处，余熏在，
这一番、气味胜从前。
背人偷盖小蓬山。
更将沉水暗同燃。
且图得，氤氲久，
为情深、嫌怕断头烟。

苏轼擅长调制合香，他调制的一款合香炙烤时能散发出一股清新的梅花之香，配方得自宋代名臣韩琦，因而取名“韩魏公浓梅香”。韩魏公即韩琦，与名臣范仲淹共同抵御西夏，史有“韩范”之称。后获封魏国公，故称韩魏公。

根据《陈氏香谱》中记载可知，诗人黄庭坚被贬广西宜州的途中，经潭州（今长沙）与惠洪和尚乘舟于碧湘门外，夜里秉烛夜谈，欣赏衡山花光寺仲仁和尚送来的墨梅图，大家灯下观赏之余，黄庭坚感叹：“但欠香耳”。因此惠洪和尚从口袋取出一炷香点燃，以飨好友。黄庭坚闻香顿感“如嫩寒清晓，行孤山篱落间”，十分惊喜，忙询问此香出处。才知道，这香是苏东坡所制，并且说明此香方为苏东坡得自韩琦家。黄庭坚不由抱怨苏东坡，明知他有香癖，竟不给他，难道不知道应该鼓励后学吗?

苏东坡与黄庭坚是至交好友，两人常常诗文相交，探讨香的品鉴，在诗文的对答中，“鼻观”“先参”等香文化思想的概念应运而生。

在诗中苏东坡强调了闻香不只是气味的分辨，更重要的是体味香气所带来的思想境界上的感悟，道出了“鼻观先参”这个重要的香文化精神理论。从这之后，人们对于香的认识与体味，从感官的描述上升至对于哲学的思考。

《陈氏香谱》韩魏公浓梅香方：

黑角沉半两，丁香一分，郁金半分（小麦麸炒，令赤色），腊茶末一钱，麝香一字，定粉一米粒（即韶粉是）白蜜一盏，右各为末，麝先细研，取腊茶之半汤点澄清调麝，次入沉香，次入丁香，次入郁金，次入余茶及定粉，共研细，乃入蜜，使稀稠得宜，收沙瓶器中，窨月余，取烧，久则益佳，烧时以云母石或银叶衬之。

黄庭坚《有惠江南帐中香者戏答六言》

百炼香螺沉水，
宝熏近出江南。
一穗黄云绕几，
深禅相对同参。

苏轼《和黄鲁直烧香二首 其一》

四句烧香偈子，
随香遍满东南。
不是闻思所及，
且令鼻观先参。

香痴黄庭坚

黄庭坚，字鲁直，号山谷道人，晚号涪翁，北宋著名文学家、书法家、江西诗派开山之祖。他和北宋书法家苏轼、米芾、蔡襄齐名，世称为“宋四家”。宋代文人中，对香认知最深且爱香成痴者，非黄庭坚莫属。

黄庭坚极其爱香，其《贾天锡惠宝薰乞诗予以兵卫森画戟燕寝凝清香十字作诗报之》云："贾侯怀六韬，家有十二戟。天资喜文事，如我有香癖。"毫不讳言地自诩有"香癖"。黄庭坚在香文化发展史上也做出了巨大的贡献，写下了许多制香之方，并复原了不少宋以前的古方，还有很多咏香的作品，表达其对香的品评与参悟。

他精通药理，喜爱调香，自创了不少的香方，《香乘》中记载："黄涪翁所取有闻思香，盖指内典中，从闻思修之义。"《陈氏香谱》中有载的闻思香香方有两个，现在已不可考是否均出自黄庭坚之手。

在他改良的香方中，最著名的便是《制婴香方帖》。这张书札，如今被视为书法艺术杰作，当初是黄庭坚凭记忆为朋友录写的一个制香的配方。

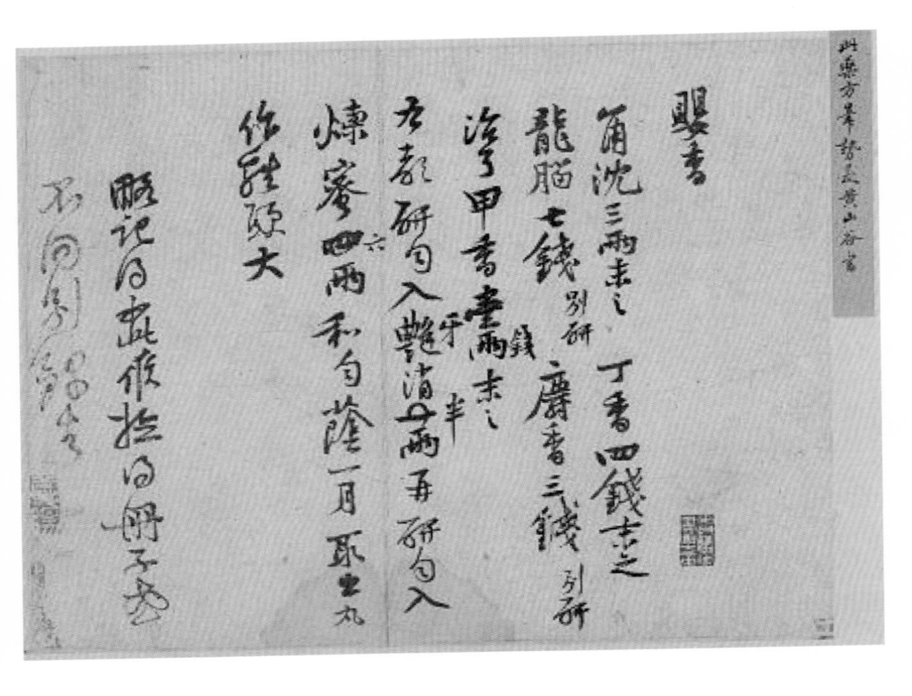
婴香
角沉三两末之 丁香四钱末之
龙脑七钱别研 麝香三钱别研
治弓甲香壹钱末之 牙消半钱
右都研匀入牙消半两再研匀入
炼蜜六两和匀荫一月取出丸
作鸡头大
略记得如此候检得册子

宋 黄庭坚《制婴香方帖》
台北故宫博物院藏

《陈氏香谱》

闻思香一：玄参、荔枝、松子仁、檀香、香附子各二钱，甘草、丁香各一钱，同为末查子汁和剂窨爇如常法。

闻思香二：紫檀半两（蜜水浸三日慢火焙），甘松半两（酒浸一日火焙），橙皮一两（日乾），苦楝花一两，榠查核一两，紫荔枝一两，龙脑少许，右为末，炼蜜和剂，窨月余，爇之，别一方无紫檀、甘松，用香附子半两、零陵香一两，余皆同。

《制婴香方帖》文曰：

婴香，角沉三两末之，丁香四钱末之，龙脑七钱别研，麝香三钱别研，治弓甲香壹钱末之，右都研匀。入牙消半两，再研匀。入炼蜜六两，和匀。荫一月取出，丸作鸡头大。略记得如此，候检得册子，或不同，别录去。

婴香方是宋代较为流行的一款合香，是中华香史中宋代的名香之一。“婴香”的出处有几种说法，南朝梁陶弘景的《真诰》里面记述道：“神女及侍者，颜容莹朗，鲜彻如玉，五香馥芬，如烧香婴气者也。（香婴者，婴香也，出外国）。”《陈氏香谱》中也有详细的记载：“香谱拾遗云，昔沈桂官者，自岭南押香药纲覆舟于江上，坏宫香之半，因括治脱落之余，合为此香而鬻于京师，豪家贵族争市之。”但记载的香方与黄庭坚所书略有不同。

《陈氏香谱》中的婴香方：

沉水香三两，丁香四钱，治甲香一钱（各末之），龙脑七钱（研），麝香三钱（去皮，毛研），栴檀香半两（一方无）；右五物相和令匀，入炼白蜜六两，去沫；入马牙硝半两，绵滤过。极冷乃和诸香，令稍硬，丸如梧子大，置之瓷盒，密封窨半月后用。

黄庭坚还调制有四款很有名的文人合香：意和香、意可香、深静香、小宗香，合称“黄太史四香”，可以说是他毕生香学研究的实践成果，被后辈香家倾心研究，不断复现。

《陈氏香谱》所载『黄太史四香』。

意和香：沉、檀为主，每沉二两半，檀一两。斫小博骰，取榠查液渍之，液过指许，三日乃煮，沥其液，温水沐之，紫檀为屑，取小龙茗末一钱，沃汤和之，渍晬时包以濡竹纸，数熏炰之，螺甲半两弱磨去龃龉，以胡麻膏熬之，色正黄，则以蜜汤遽洗之，无膏气乃已。青木香末以意和四物，稍入婆律膏及麝二物，惟少以枣肉合之，作模如龙涎香状，日暵之。

意可香：海南沉水香三两（得火不作柴桂烟气者），麝香、檀一两，（切，焙，衡山亦有之，宛不及海南来者），木香四钱（极新者，不焙），玄参半两（锉，炒炙），甘草末二两，焰硝末一钱，甲香一钱（浮油煎，令黄色，以蜜洗去油，复以汤洗去蜜，如前治法而末之），婆律膏及麝各三钱（别研，香成旋入），以上皆末之，用白蜜六两，熬去沫，取五两，和香末匀，置瓷盒如常法。

深静香：海南沉香二两，羊胫炭四两。沉水锉如小博骰，入白蜜五两，水解其胶，重汤慢火煮半日许，浴以温水，同炭杵为末，马尾筛下之，以煮蜜为剂，窨四十九日出之，入婆律膏三钱、麝一钱，以安息香一分和作饼子，亦得以瓷盒贮之。

小宗香：海南沉水香一分（锉），栈香半两（锉），紫檀三分半（生，用银石器妙，令紫色），三物皆令如锯屑。苏合油二钱，制甲香一钱（末之），麝一钱半（研），玄参半钱（末之），鹅梨二枚（取汁）。青枣二十枚，水二碗，煮取小半盏。同梨汁浸沉、栈、檀，煮一伏时，缓火取令干。和入四物，炼蜜令小冷，搜和得所，入瓷盒窨一日。

陆游与穷四和香

在宋人的观念中，合香是雅是俗，取决于香料具有的香味品质，与原料价格关系不大。这样的焚香理念，在今天依然值得我们学习。

陆游，字务观，号放翁。越州山阴（今浙江绍兴）人，南宋文学家、史学家、爱国诗人。他也是一位爱香之人，在他的许多诗文中，我们都能寻觅到他的焚香日常。

他在《焚香赋》中写道："从山林之故友，娱耄耋之余日。暴丹荔之衣，庄芳兰之茁，徙秋菊之英，拾古柏之实，纳之玉兔之臼。和以桧华之蜜，掩纸帐而高枕。杜荆扉而简出，方与香而为友。"所用香料便是荔枝壳、兰花、菊花、柏树果实，四种原料捣碎，以炼蜜调成小丸隔火熏焚。由于成本低廉，陆游有些自嘲地在诗中将这款合香戏称为"穷四和"。

陆游

《闲中颇自适戏书示客》

发犹半黑脸常红，
老健应无似放翁。
烹野八珍邀父老，
烧穷四和伴儿童。
剪纱新制簪花帽，
乞竹宽编养鹤笼。
巢许夔龙竟谁是，
请君下语勿匆匆。

《陈氏香谱》

小四和香方：
香橙皮、荔枝
壳、樱桃核、
梨滓、甘蔗滓，
等分为末，名
小四和。

陆游的这个“穷四和”属于我们常说的山林四和香或小四和香的一种，取诸山林，香方随主人调配，尽显田园野趣。《陈氏香谱》中也有一小四和香方的记载。

这款清新的用香之风，也席卷过皇室。宋仁宗的宠妃张贵妃，就很喜欢用荔枝壳、苦楝花、松子膜等寻常材料制作合香，而不用名贵的沉香、檀香、龙涎香、麝香。苏轼评价说，“（贵人）鼻厌龙麝，故奇此香”，类似是富豪山珍海味吃多了，便爱上了吃野菜。苏学士，当真是毒舌啊！

但不得不说，以荔枝壳为主材料做成的合香，气味香馥，不失风雅。天生的草木配料，散发着造化慷慨赋予植物的原生香气。这种温雅天真的“山林”气质又怎么能不让人为之倾情。

香词写手李清照

在宋朝女性的闺房中，香炉是必不可少的日常用具。从宋人佚名《调鹦图》，可以看到宋代女子闺房里的桌几上就陈设着香炉。

宋 佚名《调鹦图》
美国波士顿博物馆藏

李清照，号易安居士，宋齐州章丘（今山东济南章丘）人，女词人，婉约派代表，有“千古第一才女”之称。她的词中可谓香气弥漫，存世的五十九首词中，有二十二首和香有关。不同的香料、不同的香具、不同的用香之法、不同的用香环境，写尽了她的喜怒哀乐，以及她跌宕起伏的人生。

藤床、纸帐淡薄清远的布局，沉香淡淡熏焚的情景，在李清照的词中缓缓浮现。

《浣溪沙》中所讲的也是玉炉，焚沉水香。玉炉一般是指较为名贵的香炉。

“薄雾浓云愁永昼，瑞脑销金兽。”瑞脑，即香料；金兽，即香炉。

她用优美的词句，写出了女性生活中的焚香场景，也让我们对那个旖旎时代的女子生活，有了更多的美好想象。

李清照《孤雁儿》

藤床纸帐朝眠起，说不尽无佳思。
沉香断续玉炉寒，伴我情怀如水。
笛声三弄，梅心惊破，多少春情意。
小风疏雨萧萧地，又催下千行泪。
吹箫人去玉楼空，肠断与谁同倚。
一枝折得，人间天上，没个人堪寄。

李清照《浣溪沙》

淡荡春光寒食天，玉炉沉水袅残烟，
梦回山枕隐花钿。
海燕未来人斗草，江梅已过柳生绵，
黄昏疏雨湿秋千。

李清照《醉花阴》

薄雾浓云愁永昼，
瑞脑销金兽。
佳节又重阳，
玉枕纱厨，
半夜凉初透。
东篱把酒黄昏后，
有暗香盈袖。
莫道不销魂，
帘卷西风，
人比黄花瘦。

宋 《飞阁延风图》（局部）
北京故宫博物院藏

（三）
红火热闹的百姓香事

宋代香道兴盛，平民百姓家也消费量巨大，面对如此庞大的市场，许多商人纷纷涌入“卖香”的行列中。各种香铺林立，《东京梦华录》中多次提到“香药居”，以及在酒楼中卖香的“香婆”，只要客官喊一句“香婆，给洒家来一炉助兴的暖香！”便有专人为你奉上一炉香。这足以看出宋朝时期香料在平民阶层都已经是一种生活常用品，而非只是贵族阶层专用。

《清明上河图》里的香铺

《清明上河图》上画了一家“刘家上色沉檀拣香铺”，店铺招牌颇为气派。别小看这家铺子，它可是一家规模很大且有官方背景的香铺。为什么这么说呢？因为从店铺招牌我们可以看出，这家店铺主要是卖沉香、檀香、乳香（拣香）等，在宋代，乳香是禁止售卖的，与象牙、犀角、镔铁等物并列为国家禁卖品，而这家店铺竟然光明正大地拿出来卖，只能是“官家店”。

“刘家香药铺”毕竟是少数，这时大多数还是规模比较小的民营香药铺，而且他们一般聚集在一处，形成了香铺街。或许香街上的小香铺比不上“官家店”，但街上香料的品类繁多，有计时的印香，焚香的香饼、香丸，香囊的佩香，以及软香、熏衣香、香珠等。

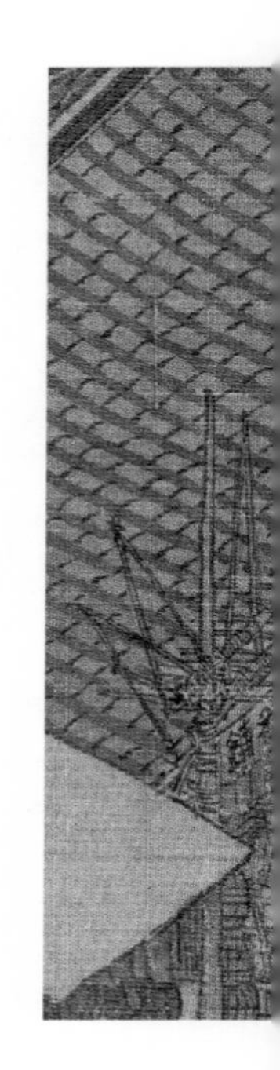

汴梁城中售卖香药的店铺很多，《东京梦华录》中记载："马行北去，乃小货行，时楼大骨傅药铺，直抵正系旧封邱门，两行金紫医官药铺，如杜金钩家、曹家、独胜元、山水李家，口齿咽喉药；石鱼儿、班防御、银孩儿、柏郎中家，医小儿；大鞋任家，产科。其余香药铺席、官员宅舍，不欲遍记。"香料是中医药物的一部分，当时药铺售卖的药物中就有香料。这些香料来自世界各地，包括木香、龙脑、沉香、檀香、丁香、丁香皮，等等。

就在汴京城内有一家中药铺，横的匾额写着"赵太丞家"四个大字。太丞即太医丞，宋朝为太医局所属主管医药的官员，既是皇姓，又有官方背景，可见这家药铺为赵姓医官所办，所以所处位置非常优越。左右匾额上写着"治酒所伤真方集香丸""大理中丸医肠胃冷"，集香丸和大理中丸均为中医方剂名，出自《御药院方》和《太平惠民和剂局方》，据记载集香丸具有消秋滞之功效。

吃香料、啜香饮

平民百姓对香料的使用比较接地气，他们会把香料加入到饮食中，做成美味的食品。比如，当时广州人吃的“香药槟榔”，四川人爱吃的“香药饼子”。

还有“香饮子”，属于宋人常喝的饮料，十分受欢迎，各种香饮店遍布街市。这种饮子，周密《武林旧事》中记录了许多，如甘豆汤、椰子酒、豆儿水、鹿梨浆、卤梅水、姜蜜水、木瓜汁、茶水、沉香水、荔枝膏水、苦水、五苓大顺散、香薷饮、紫苏饮，等等，种类繁多，令人看着就感觉口齿生津。

《梦粱录》中描述临安夜市“夏秋多扑青纱、黄草帐子、挑金纱、异巧香袋儿、木犀香数株、梧桐数株、藏香、细扇……，太平坊卖麝香糖蜜糕、金铤裹

蒸儿”，可见其繁华。

不少香料还有祛病消暑的功效，周邦彦在《苏幕遮》就有“燎沉香，消溽暑”的描述。我们现在过端午节时，也有部分地方把艾草、菖蒲、香叶等香料煮成热水，用于更衣沐浴，可以驱邪避暑。

还有一点，你知道吗？香料还是宋代平民百姓娶妻、生子时不可缺少的聘礼或贺礼。

“香事”不仅秉承了宋人对世事之美一以贯之的追求，更是那个人文昌隆盛世的见证之一。从香料的涉及范围，到香料的专业化，再到香料的讲究层次，最后再到香料的世俗化，毫无疑问宋朝可以被称作是香文化的鼎盛时代。

第七章

香气四溢兴于明清

明清时期商品经济发达，香料贸易繁盛，从达官贵人到各个城市相对富裕的普通人家，无不享受香品带来的愉悦。用香场合逐渐多样化，用香配置逐步精细化，文人用香的风气更盛，香是名士生活的一种标志。

关于香的典籍种类更多，尤其是周嘉胄所撰的《香乘》内容十分丰富，可谓集大成者。香品形式种类繁多，经常使用的香品包含香丸、篆香、线香等。

伴随香文化的发展，作为品香过程中不可或缺的香具——香炉，也在不断演变发展。除各种器型的香炉外，还包括香箸瓶、香盒以及香箸与香匙等也在变化着。『炉、瓶、盒』三者搭配称为『炉瓶三事』，渐渐成为定式。

（一） 高雅的皇家香器

闻名遐迩的宣德炉

宣德是中国明朝第五位皇帝朱瞻基的年号，他在位的十年里，明代的文化和经济达至高度繁荣阶段。到明朝宣德三年（1428年）初，皇帝亲自督办，敕令宫廷御匠吕震和工部侍郎吴邦佐等官员，差遣技艺高超的工匠，利用真腊进贡的几万斤黄铜，另加入国库的大量金银珠宝一并精工冶炼，制造了一批盖世绝伦的铜制香炉，这就是如今著名的"宣德炉"，也是中国历史上第一次使用黄铜铸成的铜器。

宣德铜炉的造型古朴庄重、做工精致，也是继商周青铜器之后，我国铸造工艺中的一个高峰，其式样多取自宋代的《宣和博古图》和汝窑、官窑、哥窑、钧窑、定窑等名窑瓷器经典器型。简洁的造型、高度抽象的线条、精准的几何关系，这些在宋瓷里被运用至炉火纯青的美学元素，在宣德炉上也能寻见。

这件铜冲耳乳足炉为圆鼎式，直口，收颈，鼓腹，三乳足渐起自器外底，口沿上左右各立一冲天耳，原配铜座。器外底有减地阳文三行六字楷书"大明宣德年制"。附黄条"嘉庆四年正月初六日收梁进忠交古铜炉一件"。黄条即过去宫廷里系在器物上的黄色纸条，通常记载该物件的来源、安置地点等，往往能给旧藏文物一个较明确的身份。

明　铜冲耳乳足炉
北京故宫博物院　清宫旧藏

这件掐丝珐琅缠枝莲纹炉垂腹、圈足，铜鎏金龙首吞彩色云纹双耳。炉身以蓝色珐琅为地，饰掐丝填红、黄、蓝、白等色的缠枝莲纹二层，上下交错排列，章法有度。足上环饰红色蓝边莲瓣纹一周。胎体厚重，造型规整，珐琅颜色纯正，色泽蕴亮，虽无款识，然宣德朝工艺特征显著清晰，且为精品。

掐丝珐琅龙凤纹炉炉身为菱花瓣式，共九瓣，铜鎏金象首足。通体装饰依造型均匀分隔区域，每个区域内饰相同的云龙和云凤纹，周身龙凤相间，排列整齐。此炉色彩纯正，珐琅质地晶莹，是明早期掐丝珐琅器中的精美之作，其形体硕大，亦属少见。

明宣德　掐丝珐琅缠枝莲纹炉
北京故宫博物院　清宫旧藏

明宣德　掐丝珐琅龙凤纹炉
北京故宫博物院　清宫旧藏

乾隆御制香器

香事是中国传统的精神文化生活中不可或缺的一件雅趣。在对工艺有着极致追求的乾隆皇帝书房里，自然少不了精美的香器。

台北故宫博物院就藏了一件清代铜香盘，平底，宽折沿，略呈椭圆，盘底为四个云头足，盘心长方框里有一首乾隆《御制香盘词》，曰："竖可穷三界，横将遍十方。一微尘里，法轮王，香参来，鼻观忘。篆烟上，好结就卍字光。"这应该是当时宫内焚烧印香的专门器具。

清 铜香盘
台北故宫博物院藏

清 乾隆款钧釉双耳三足炉
北京故宫博物院藏

这件乾隆款钧釉双耳三足炉造型仿古青铜器。炉直口，口两侧对称直立两环形耳，短颈，扁圆腹，底下承以三个锥形足。内外施炉钧釉，釉质凝厚。外底阴刻篆体“大清乾隆年制”六字三行款。

乾隆皇帝熟通汉理，精于儒典，也是一位爱好文雅之帝，书斋内焚香必不可少。一盏香炉，氤氲香烟，一室皆净。

炉瓶三事

香炉、瓶、盒在一起搭配，三件一组被称为“三事”，明代炉瓶三事发展成熟，成为皇室贵族庙堂礼仪之器、文人雅士书堂的陈设之物。明初就已经成为正统的焚香形式中的必需之物，开始成套制作。

清初炉瓶三事整套使用、陈设进入黄金时代，是清代宫廷重要的陈设用品，在书房、厅、堂的几案上均可设置。宴席上设炉瓶三事焚香待客，成为文雅风尚。

玉炉瓶三事兴于清代，有青玉、白玉、碧玉等不同玉质，纹饰亦有异，有的还镶嵌宝石，一般为室内成组用具。炉以燃香，盒贮香料，瓶内可插理香灰所用的铲、箸，也可以把这三件摆放在几案上作为陈设品。

清　铜胎画珐琅黄地番莲纹炉瓶三事（附收藏盒）
台北故宫博物院藏

这套青玉嵌红宝石炉瓶三事，炉、瓶、盒均为青玉质。玉炉仿古代青铜盨制成，器身趋近于椭圆，口部长方形，有盖，盖上有椭圆形环状钮，圈足。炉腹部及盖面上均琢夔凤纹并有几组出戟，两侧凸雕双龙为耳，龙眼嵌翠玉及红宝石。在炉的口沿下、圈足上、龙耳两侧、盖近边缘处和盖钮上均镶嵌红宝石一周。玉瓶为扁平式，口、足均为椭圆形。肩部凸雕两兽衔环耳，颈部镂空凸雕一螭，螭双眼嵌红宝石。腹部镶嵌红宝石两周，两周之间浅浮雕两两相对的夔龙纹。玉盒呈扁圆形，圆形口、足。盖顶中央凸雕莲瓣纹一周，中间嵌钮形红宝石一粒，每个莲瓣上嵌水滴形红宝石一颗。盒盖边沿及盒底沿均嵌红宝石一周。

炉可燃香，瓶插铜铲、箸，盒可贮存香料或盛放印泥。北京故宫博物院收藏的“三事”质地很多，而在青玉上嵌红宝石唯此一套。在青白色的玉石上镶嵌着颗颗鲜红色的宝石，尽显华丽与富贵。

这套碧玉质地炉瓶三事，一套三件。玉炉为双兽耳活环盖炉，呈长方形，四管式。盖顶长方形，镂空雕盘龙，龙四足踏四盘螭。炉身上部浅浮雕行龙纹，下部四管形足之间雕“寿”字及云纹，足上雕蝉纹。两侧凸雕双兽衔环耳。玉瓶略扁，呈椭圆形，细颈，小口，颈部雕变形的蝉纹，腹部雕行龙纹。瓶内插有铜铲、箸一套。玉盒为圆角长方形，盖面开光内浅浮雕变形的夔龙纹。三件器物下均配有同形状的红木座。

清　青玉嵌红宝石炉瓶三事
北京故宫博物院藏

清　玉炉瓶三事
北京故宫博物院藏

（二） 风雅闲情 文人香

文人普遍追求闲适、幽趣、清赏的生活方式，“香”使文人的生活更有意趣，是明清文人书室清供之一。明清文人用香风气尤盛，香是他们日常生活中不可缺少的一部分。

他们极为讲究书斋内的陈设，明人王象晋有“书房清供”之说，包括：道服、书砚、墨、琴、香、香奁、隔火、炉灰、炭、宿火、榻、禅椅、隐几、蒲墩、滚凳。

主人在书斋中焚一炷香，香气飘翻而来，所有凡尘心事，都飘散而去。

画作中的文人香趣

明代中叶，天下承平，文人士大夫以儒雅为尚，评书、品画、瀹茗、焚香、弹琴、选石等无一不精。品赏文物是明代文人聚会时的常见之事。仇英便是雅集常客，他绘制的工笔重彩《人物故事图册》之《竹院品古图》一画中描绘了将钟鼎彝器罗列于庭院中，几位文人正在品鉴古董，童子捧来香炉，请文人投香，为品赏活动平添雅致气氛的场景。

明 仇英《人物故事图册》之《竹院品古图》北京故宫博物院藏

仇英《竹院品古图》局部

明　谢汝明
《耕斋图卷》局部
上海博物馆藏

明 丁云鹏《漉酒图》
上海博物馆藏

读书是士人生活中重要的一环，读书写作时佐以焚香，乃闲雅生活中的乐事，薛瑄《夏日简陈广文》诗言：“焚香读易添新趣，隐几看云忆故乡。”书斋焚香除了增添读书之乐外，还可提振精神“远辟睡魔”有助读书。高濂《遵生八笺》中这样描绘理想的书斋：“书斋宜明静，不可太敞。明净可爽心神，宏敞则伤目力……置鼎炉一，用烧印篆清香。”伴着印篆清香，开启一日的生活，是文人书斋生活的标配。

晚明人物画大师丁云鹏所作的《漉酒图》描绘陶渊明正与童子以葛巾过滤酒中杂质，在右下角的石桌上放着无弦琴、蔬果、壶盏、三足炉、书籍等。由此可见，画家在创作时加入了自己的想象，将流行于明的香具带入了画面中。

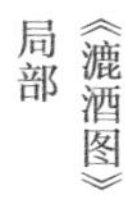

《漉酒图》局部

明 丁云鹏
《玉川子煮茶图》
北京故宫博物院藏

《玉川子煮茶图》局部

丁云鹏的《玉川子煮茶图》，图中主人左持白羽扇，注视着煮茶壶，一旁备有提篮式炭笼，主人背后石几上摆入白瓷壶和紫砂壶各一把，茶叶罐一个，以及香炉和香盒。品茶最是清事，若无好香在炉，遂乏一段幽趣。焚香逸韵，若无名茶浮碗，终少一番胜缘。是故茶、香两相为用，缺一不可。由此可见，宋人焚香品茗的雅趣已巧妙地融入了明代文人生活中。

以香待客是明清文人交往时的基本礼仪。杜堇的《玩古图》中，一主一客，主人坐在正面圈椅上，并且一腿盘坐着，俯身微斜看右侧桌案上的古玩，显得十分惬意和轻松，被邀请而来的客人正躬身看古鼎彝器，神情专注认真。在画面的左下角，一名仆人正拿着画卷与棋盘走来，右下角有一名侍女手执圆扇，正在芙蓉假山之间扑蝴蝶。在画面的右上角，则有两名仕女将香炉置于案几之上，准备焚香以招待客人。

杜堇《玩古图》局部

明 杜堇《玩古图》台北故宫博物院藏

明画中的“炉瓶三事”十分多见，是文人居家的固定摆设。

《十八学士图屏》本无款，在书屏中，四位身着官服的士大夫围坐，或读书，或操翰，或交谈，仆人不断送上书籍、食物，全然一幅文人雅集情景。在画面下方，有一个香几，上面盛放的便是一炉、一瓶、一盒，正是“炉瓶三事”。

明《十八学士图屏》
上海博物馆藏

《斜倚熏笼图》局部

明 陈洪绶
《斜倚熏笼图》
上海博物馆藏

明代陈洪绶的《斜倚熏笼图》是其人物画代表作之一。描绘了明代女子居家熏香的惬意场景，画中一位少妇拥被懒散地斜倚在用细竹篾条编制成的熏笼上，笼下香炉既香且暖。也反映出明代熏香在人们的生活中是多么的普遍。

清《雍亲王题书堂深居图屏·捻珠观猫图》北京故宫博物院藏

清《雍亲王题书堂深居图屏·观书沉吟图》
北京故宫博物院藏

清代宫廷画师们通过画卷记录了后宫佳人的日常。

现藏北京故宫博物院的《雍亲王题书堂深居图屏》描绘了后宫嫔妃一年之中的生活。

《捻珠观猫图》画面上仕女于圆窗前端坐，轻倚桌案，中桌上摆着鼎式香炉，香炉四四方方，配着木盖和白玉捉手。

《观书沉吟图》是描绘仕女持书沉吟的情景。室内的墙面上贴有书画条幅，其上除录有宋代著名诗人、书法家米元章的词句外，还分别绘有墨笔、设色山水小景，它们与桌上的书籍形成呼应，左侧的香几上摆着一个三足炉，表现仕女焚香、展卷读书的文化氛围。

文人笔下的香学

自宋至明文人香谱诸多，最为人称道的是明末周嘉胄所撰《香乘》。此书编纂历经二十多年，广泛收集记录香药、香具、香方、香文、轶事典故等内容。《香乘》中收录的内容十分全面详尽，只第二十二卷中，就收录了印篆图二十一种，其中包括了百刻篆香图、大衍篆香图等很复杂的篆香图形。

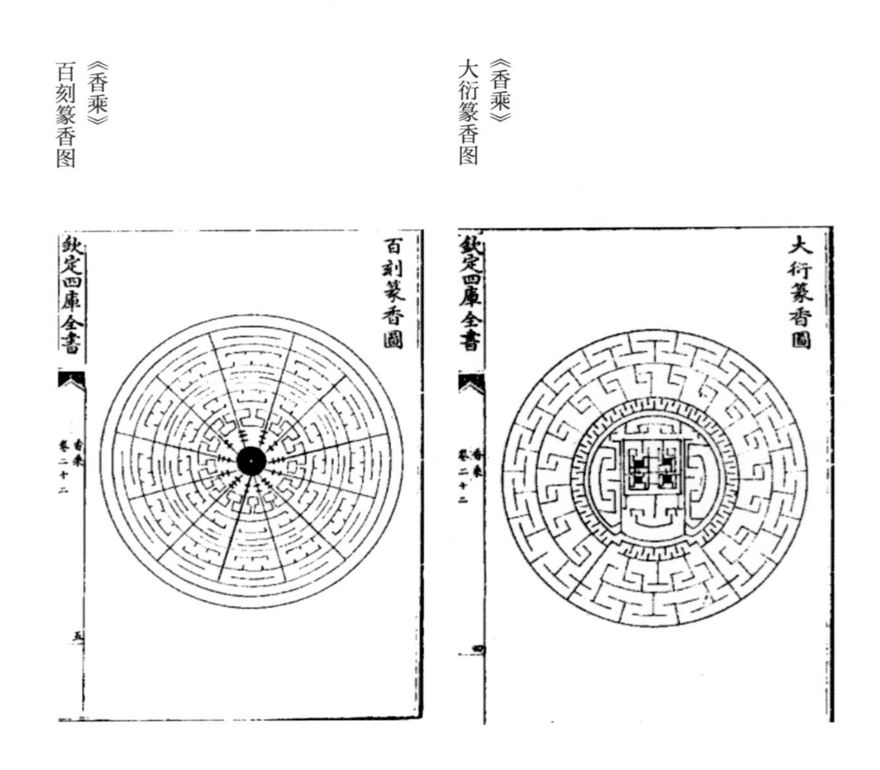

《香乘》百刻篆香图

《香乘》大衍篆香图

明代文人大学士丘浚曾吟佳句："汲泉烹苦茗，添火试沉香。琴韵清宵远，诗声白昼长。"在清静寂寥的读书生涯里，香、诗、琴、茶四物所形成的文化氛围成为诗人调剂身心的荒漠甘露泉。

明代文人高濂在《遵生八笺》一书中，由品香发展出一套极为丰富有趣的论述。他将香品作不同的归类，并赋予这些香品不同的文人用语，如"幽闲""恬雅""温润""佳丽""高尚""蕴藉"等，不同特质的香品，经焚香可召唤出不同的心情。檀香"幽闲"，焚之心神愉悦，适合田园高隐；芙蓉香"佳丽"，感觉红袖在侧，密语私谈。如此种种，品香之事，更加乐趣无穷。

"线香"这个词目前所知的最早记录是在元代。元理学家李存的书信《慰张主簿》中："谨具线香一炷、点心、粗菜为太夫人灵几之献。"但为何从之前的"玉箸香"变为了"线香"没有详细的记录。只知入明后，线香已经完全商品化了。而《香乘》中记录了十二个十分珍贵的线香香方，讲解相对全面，让我们能从其中推断出一些线香的草创与发展。为后人研究线香提供了宝贵经验。

有趣的篆香

"闭门群动息，香篆起烟缕"，篆香又称"印香""香拓"，在明清不仅是一种熏香方式，还是一种香艺表演。它是将不同香材研磨成粉，添于印模之中，用模具将其压印成以篆文为花样的字形或图形，点燃后循序燃尽，而压印香印的模子称之为"香篆"或"香印"。制作印香出现在唐代，成熟于宋代，开始多见于佛寺诵经计时。宋洪刍《香谱》"香篆"条云："镂木以为之，以范香尘为篆文。"又"百刻香"条云："近世尚奇者，作香篆，其文准十二辰，分一百刻，凡然一昼夜乃已。"明周嘉胄记录了"百刻篆香图"。

相较于唐宋，明代有了更容易操作的印香之法，明高濂《遵生八笺》卷八中记录了数种大小不一的香印，其"印旁铸有边阑提耳，随炉大小取用"。用香时，先平整炉灰，燃后将香印放在铺平筑实的炉灰上面，再用和好的香末把香印细细填实，最后拎起香印边阑的提耳将香印脱出。至此，一个完整的印香便留在香炉中。在以“香篆”为题的诗作中，曾提到出脱篆模的要领。华岳《翠微南征录》:“轻覆雕盘一击开，星星微火自徘徊”;《希叟绍昙禅师广录》:“要识分明古篆，一槌打得完全”。

明代朱之蕃有《印香盘》一诗描写此种炉具，“不听更漏向谯楼，自剖玄机贮案头。炉面匀铺香粉细，屏间时有篆烟浮。回环恍若周天象，节次同符五夜筹。清梦觉来知候改，褰帷星火照吟眸。”

熏焚篆香作为一种古法与古意，是文人乐于玩赏的焚香形式。清幽月夜，燃篆香一盘，篝灯夜读，被文人视为高雅的清福，黄庚《夜坐》云:“香篆烟销夜气清，篝灯开卷遣闲情。”

（三） 香入寻常百姓家

明清香文化进一步融入普通民众的生活当中，更加世俗化、生活化。线香成为大众的消费品，出现在各式各样居家场景中。李时珍的《本草纲目》就记载了线香的制香方法，使用白芷、甘松、独活、丁香、藿香、角茴香、大黄、黄芩、柏木等为香末，加入榆皮面作糊和剂，可以做香“成条如线”。

明代以苏州为背景创作的《清明上河图》中，描绘了苏州热闹的市井生活和民俗风情。其中就有一家正在晾晒线香的香铺。

清 蒲呱
《榨玉香》

清 蒲呱
《卖香》

明 仇英
《清明上河图》

清 庭呱
《卖香》

清末广州外销画家蒲呱曾创作过一幅《榨玉香》的水粉画，描绘了18世纪末至19世纪中叶手工艺人制作线香的场景。

蒲呱的另一幅水粉画《卖香》与庭呱的线描画《卖香》，描绘了当时商贩售卖线香的情景，这些都从侧面反映了当时百姓用香的普遍。

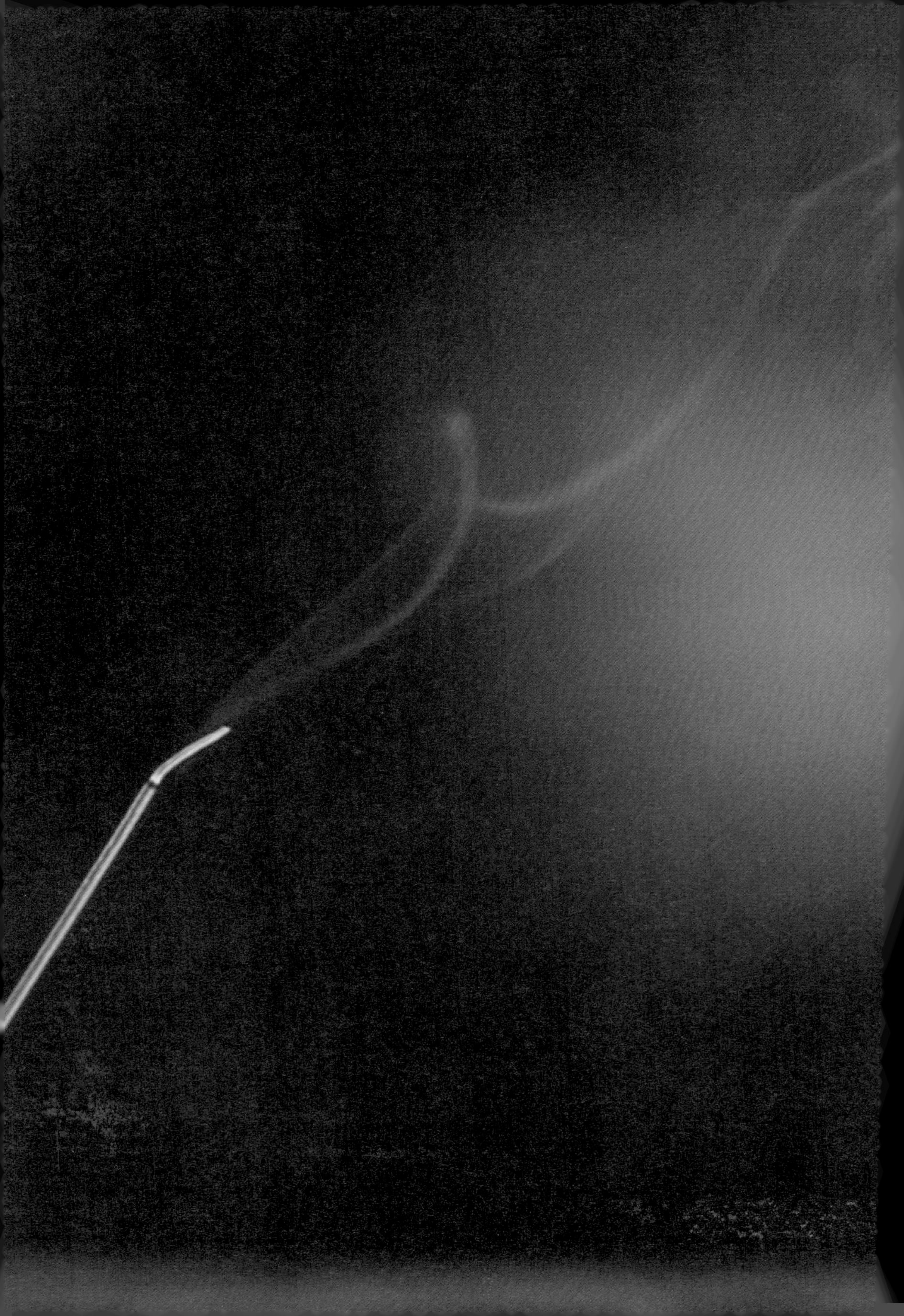

第八章

融香于生活的当代

近代，受战争和不安的政局以及西方文化的冲击影响，香多是人们祈祷和平安宁的供案之物，少了在生活与精神上的玩赏。直到新中国成立后，随着中国经济发展日新月异，人们开始更多地追求生活品质与精神层面的提升。在这种背景下，香文化回归大众视野，迈向复兴。

中国非物质文化遗产代表性目录中，中国莞香作为重要的传统香珍品，被列入其中。莞香制作技艺成为中国传统香制作技艺的杰出代表。

与此同时，由中国传统文化促进会张金发副会长发起的『国韵翰墨人文空间』香生活实践空间体验活动，从当代人香实际使用的角度，为香文化带来了新的发展契机。

（一） 中国名香代表——莞香

莞香的历史与现状

在中国改革开放先行区珠江三角洲中，有一座名为“东莞”的古老城市，其产的沉香以地方命名，称“莞香”。莞香历史悠久，属沉香珍品，虽物微而位贵，香味独特无可代替，历来为古代达官贵人和文人雅士所推崇与追慕。

莞香是中国历史上的名香，因地而名，因奇而世，聚天地之灵气，天然形成，尊为香类珍品，居众香之首，素有“瑶池佳气东莞香”的美誉。

根据元代编修的《南海志》记载，东莞县茶园村种植白木香，当时四方客商纷至广东购买。此时莞香还未以地名命名，而是被称为白木香，其中等级较高的称为榄香。这是目前发现的最早关于东莞人工种香的记载。明代黄佐集修的嘉靖《广东通志》提到：“白木者，出东莞茶园村。村中人皆业香，故漫谷尽植之。其老而有油者，名马牙。”清代《东莞县志·周志》中载：“莞诸物俱不异他邑，惟香奇特。”

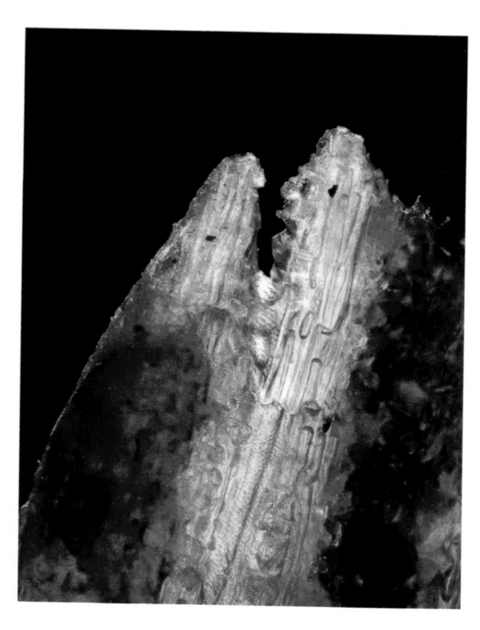

放大40倍镜头下的极品莞香

因其形成不易，历来稀有珍贵，加之其天赋香气淡雅宜人，且药用价值极高，故唐、宋、元、明朝前期一直作为皇家贡品深藏宫中。直到明朝嘉靖年间才逐渐放开民间使用和贸易，名扬四海。清末史学家陈伯陶编纂的《东莞县志》中记载："莞香至明代始重于世。"其后，东莞逐步形成莞香收购、加工、交易一条龙的完整产业链。成化年间（1465—1487年），大岭山镇大沙村的墟市便是莞香的主要交易市场，后当数寮步镇的牙香街最为繁盛，是为"香市"，与广州的"花市"、廉州的"珠市"、罗浮的"药市"并称为广东"四大名市"。

据说，"香港"之得名亦与莞香有关，当时石排湾是广东南部转运香料的集散港，因莞香堆放在码头，远近飘香，因此取名为"香港"，意为"芳香的海港"。清代屈大均撰《广东新语》中亦记载莞香盛时远销至北方的情形："当莞香盛时，岁售逾数万金，苏松一带，每岁中秋夕，以黄熟彻旦焚烧，号为熏月，莞香之积阊门者，一夕而尽，故莞人多以香起家。其为香箱者数十家，藉以为业。"可见当时莞香贸易极其繁荣，种植莞香亦成了东莞人重要的生计产业。

清代雍正年间（1723—1736年），莞香一度因朝廷的横征暴敛而遭受灭顶之灾，香农为远灾避祸，将所种香树悉数摧毁，远走他乡。当时情景《东莞县

国家级非物质文化遗产代表性项目

传统香制作技艺（莞香制作技艺）

中华人民共和国国务院公布
中华人民共和国文化部颁发
2014年11月

志》中有所记载："闻前令时，承旨购异香，大索不获，至杖杀里役数人，一时艺香家，尽髡其树以去，尤物为祸亦不细矣，然则莞香至雍正初，一跌不振也，此酷令不知何名，深可痛疾。"自此，莞香数量骤减，莞香制作技艺濒临失传，莞香文化日渐式微。

21世纪以来，东莞市十分重视莞香制作技艺的保护和传承工作，积极传播和弘扬莞香文化，有效保护莞香的文化特色、地域特色和品质特色。2014年11月，广东省东莞市申报的"莞香制作技艺"经国务院批准列入第四批国家级非物质文化遗产代表性项目名录，莞香制作技艺成为中国传统香制作技艺的杰出代表。翌年8月，国家质检总局批准对"莞香"实施地理标志产品保护，莞香成为东莞第一个国家地理标志保护产品。著名学者黄伟宗认为："莞香具有六大文化意义，是既有独特性又有广泛性的物产；是物质文化与精神文化的载体；既是高雅文化又是大众文化；既是中国特产文化，又是中外交流的海上丝绸之路文化；既是世界性的物质文化，又是世界性的非物质记忆文化；既是源远流长的传统文化，又是前景无限的文化事业和产业。"

莞香是东莞的文化瑰宝和城市灵魂，氤氲缭绕千年，在一代代东莞人的挖掘、传承与发扬下，如今散发着新时代的气息。

自然中的莞香树

莞香树，常用名土沉香，别名白木香、女儿香、牙香等，为瑞香科土沉香属常绿乔木，属国家二级保护植物和特有珍贵药用植物，是唯一以东莞地方命名的树木。目前世界上有十多种可产沉香的植物，莞香树是其中之一。在我国，莞香树野生树种主要分布于广东、广西、海南、云南、香港及澳门等地。

莞香树属瑞香科，具有瑞香科的普遍特征，如韧皮纤维发达，树皮光滑，以韧皮纤维为主等。树高自然情况下可以生长至5 ~ 15m。其喜温暖湿润，在11 ~ 29℃的范围内均能良好生长，最适宜温度为22℃左右。莞香树浇灌需适量，弱酸性水更佳。

百年莞香树

莞香树种植非常强调土质，清代文人李调元在其所著的《粤东笔记》中提到："先择山土，开至数尺，其土黄砂石相杂，坚实而瘠，乃可种；其壤纯黄、纯黑，无砂，致雨水不渗。潮汐润及其香。纹或如饴糖，甜而不清，或多黑丝缕。味辣而浊，皆恶土也，不宜种。"故莞香树多在丘陵山地种植，红、黄带砂石质土壤最佳，以土层深厚疏松、腐殖质丰富、便于排水为宜。

莞香树为乔木，是主根明显而发达的直根系。主根方向为竖直向下，侧根则呈葡萄状分布于主根周围。种植人在首次开香门、采香之后，一般会截断主根，保留葡萄状放射的侧根。

莞香树木栓层、木栓形成层、栓内层不发达，次生韧皮部作为树皮的主要部分存在。直接观察莞香树截面时，一般只能观察到界限分明的两部分——木质（包括木质部、次生木质部、形成层）和树皮（韧皮纤维）。莞香树树皮在自然光下呈棕黑色，在生长时，由于树干直径增加，树皮持续脱落。根据生长地的不同，树皮上可能出现大小、数量不同的银灰色斑，少量莞香树树皮处出现绿色小斑点。

莞香树根部

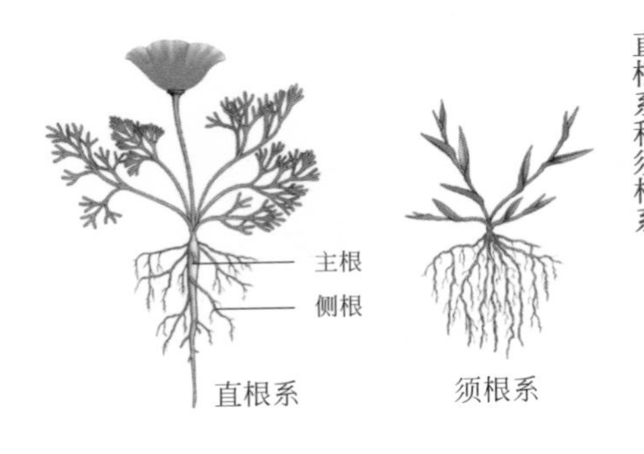

直根系和须根系

出现绿色小斑点的莞香树

左树有较多明显银灰色斑，右树几乎无银灰色斑

莞香树横截面

莞香树横截面只能观察到界限分明的两部分，木质部木质纤维粗大。树皮以韧皮纤维为主，基本无木栓层。

莞香树按木质颜色可分为白木与黄木。白木，其木质部分呈白色，树皮呈浅褐色，有许多大片白色斑点。黄木，又叫黄油木、青皮黄油、黄油格，其木质部分呈浅黄色，树皮为深绿色，白色斑点较少，还有零星绿色小斑点。白木比黄木疏松，黄木所产莞香品质更优。

莞香树叶为互生

莞香花

莞香树叶撕开可见叶肉间连丝

莞香树种子

莞香树果实

莞香树叶在枝上互生，生长期可见与原有叶片互生的叶芽。红线可见叶互生，即左右依次前后交错。材质上，将叶撕开，可见叶肉之间的连丝。

莞香花，颜色淡黄，形态呈钟状，簇生，每簇有十余朵小花，有芳香，每年春季盛开。

莞香树果实，龙眼般大小，状如葫芦。

莞香树种子，农历六月成熟，呈圆形，黑色。

千年技艺赓续传承

莞香的品质取决于自然生态和人工技艺。历史上莞香的兴盛，一方面是由于东莞适宜的生长环境，另一方面源于东莞香农“人力补之”的智慧和勤劳，故称为“天人合香”。屈大均曾指出：“东莞香田，盖以人力为香，香生于人者，任人取之，自享其力，鬼神则不得而主之也。”莞人在长期的劳动实践中，掌握了断根移植等结香方法，经过一代又一代香农的传承与改良，逐渐形成了完整且独特的天然结香的生产制作技艺。莞香制作主要包括种育香种植技艺，以及采香、理香、拣香、和香、窨香、制香的加工技艺，两大部分，共30多道工序，时间跨度长达十年甚至几十年。

延续古法进行制作的莞香，目前已获得中国有机产品认证。需要注意的是，由于传统天然香制作成本高，目前市面上出现了越来越多使用化学香精即人工合成的香。合成香虽然能模拟出大多数香料气味的特点，原料易得，成本低廉，但其加入的聚丙烯酰胺黏合剂、助燃剂、色素、化学合成香精、石粉等材料，在燃烧时会产生苯、甲醛、亚硝酸盐等有害物质，易引发咳嗽、哮喘、过敏性鼻炎等不适。

莞香非物质文化遗产保护园

莞香非物质文化遗产保护园

· 种香技艺

“土宜正者，虽历年少而佳；不正者，虽愈久而无用。”土壤的选择对莞香优劣具有决定性影响。种植莞香树，以土砂石相杂、坚实而瘠的黄土、红土为佳。此外，间种荔枝树、龙眼树、杨桃树等树种，可为莞香树结香营造更好的小环境。

在原莞香四大皇家香园之一的大岭山镇百花洞，有一座莞香非物质文化遗产保护园，占地面积3400多亩，是广东省非物质文化遗产生产性保护示范基地和非物质文化遗产传承基地，亦是目前唯一获得国家认证的有机莞香生态种植基地。园内有千年莞香母树1棵，野生百年莞香母树351棵，莞香树共计20多万棵，年产有机莞香1000多公斤，是莞香“生态原产地保护产品”“有机产品”“地理标志保护产品”的核心生产地带。

莞香非物质文化遗产保护园区内多为赤红壤，富含微量元素，适合种植莞香；水质呈弱酸性，利于结香所需的真菌繁殖。园内除种植莞香树外，还间种荔枝树、龙眼树、杨桃树等树种。一方面维护园区内的植物多样性，有益于真菌繁殖；另一方面有利于保持水土，为移植后的莞香树遮阳防晒，提高莞香树的存活率。

大岭山莞香非物质文化保护园内保存的三百余棵百年莞香古树，专门为育苗提供所需的莞香树种。据研究，百年古树所产种子基因稳定性好，有利于提高结香品质。

莞香母树

莞香树于每年雨水节气前后开花，农历六月结果。结果后，需立刻采摘良种，开始育苗。莞香树种子的发芽期约十天，芽苗生长期为二十至三十天。

芽苗生长至三十天后，进行首次移植。次年清明前后，再次移植。再过三至五年，可进行第三次移植。

芽苗

芽苗生长至三十天

次年清明莞香树苗

三至五年莞香树

莞香树截干

莞香树断根

莞香树移植

七至八年树龄的莞香树，可以将主干拦腰斩断，以抑制其向上生长，降低其生命力。截干面离地面约两米，截干时间通常在小雪节气前后。

断根是种植莞香树中最具风险性的一步，也是最重要的一步。一般选在截干次年的立春前后进行。断根的基本原则是“断主根不断侧根"。断好根的香树，次年立春可再移植。再移植时采用“饥饿种植法”，即斩断、修剪主干外的旁枝梢叶，使其生长更加缓慢。

通过断根移植，使莞香树生命力减弱，今人认为这有助于益生真菌侵入寄生。

移植的时候，树根不能带一点泥土，然后根据根的大小挖好坑，把树放进坑里后添加泥水浆，再填土。泥水浆能够保证根系之间没有空隙，有利于香树存活。断根后移植，极易导致莞香树死亡，需经过两年的细致观察，以判断树是否存活，如果移植后看到树干变黑枯萎，说明移植失败。

莞香树受真菌感染情形

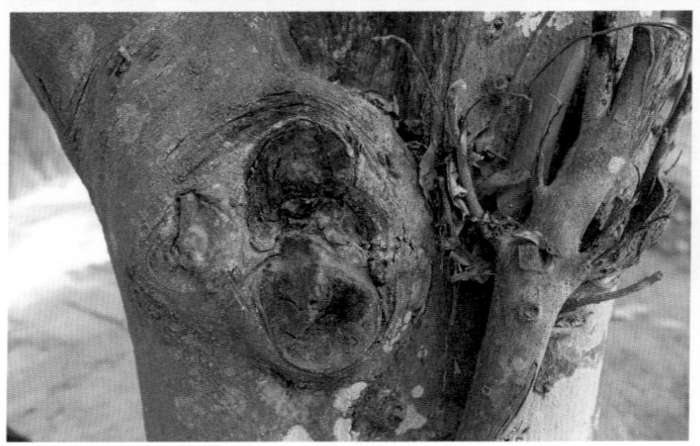
修枝后的创口形成壳仔

修枝后的创口形成包壳

·育香技艺

莞香树结香原理目前仍众说纷纭，大体可分为“真菌说”与“创伤说”。“真菌说”认为，莞香是树干损伤后被真菌侵入寄生，在真菌体内酶的作用下，使木薄壁细胞贮存的淀粉发生一系列变化，形成香脂后经多年沉积而得。“创伤说”认为，莞香树受伤后，木薄壁细胞组织内的淀粉会显著减少，出现液胞化特征，植物将淀粉水解为中间产物后通过多种途径转化为油脂类物质。

莞香树每年都要修枝，一般为立夏前后。每一个修枝留下的创口，经岁月累积，都可能育出香结，此类香结称壳仔。如果创口因莞香树自愈功能而完全愈合，采出的香结则可能是包壳。

修枝后的创口被树皮完全包裹，形成包壳。形成包壳的时间越长，香结油脂含量越高，品质越好。

七八年以上的莞香树可以开香门。开香门时间一般在小雪节气前后。用凿、锯、刀等工具在树干合适部位进行人为损伤，为真菌入侵、感染和繁殖创造条件，利于结香。开香门的技艺包括刀砍、凿洞、分边、撕皮、平锯、斜锯、深埋、虫漏等，技艺的选择主要视香树具体情况而定，如树径、旁枝、长势等。

开香门

刀砍法

用刀连续砍已经剥去树皮的莞香树木质部，留下一系列平行的、深浅不一的凹槽。

凿洞法

根据树的胸径等，在已暴露的木质部凿出合适的洞，洞的大小、深浅不一。

分边法

把莞香树主干直接劈开，用石头或其他外物将其分开，留下10厘米左右的共用部分，劈开树干所产生的创面都可以产香。

撕皮法

撕去莞香树树皮后，其树皮与木质部脱离处可以结香。

平锯法

最常使用的开香门方法之一。在莞香树主干上留下近平行地面的凹槽，并保留部分主干，使其继续向高处生长。

斜锯法

最常使用的开香门方法之一。类似于平锯法，只是在操作时切面不平行于地面，可增加结香面积。

虫漏法

在自然或人工导入的情况下，让白蚁等侵入树身，使其在树身内筑巢。莞香树受此影响，分泌香脂，阻碍白蚁继续侵入，最终形成香结。依虫漏法获得的香结，极具观赏性。

混合法

多种开香门技法组合运用。

· 辨香技艺

采香前先要依树辨香，就是东莞香农凭多年的经验和阅历，根据香结的形成时间、香门的结香点和油脂线形态，初步评定出其品质等级，作为采香的参考依据。

· 采香技艺

采香，即从莞香树凿下含香脂的木块。每年冬季，是莞香成熟收获的时节，小雪节气更是东莞香农传统采香日，旧称“凿香贵以时”。小雪前后气候干燥，降水量小，气温不高，无太阳曝晒，有利于油脂沉积。循时采出的香块，香胎气足，精华内敛，木质尽化，香气纯正。明末清初著名文学家屈大均在《广东新语》中写道：“盖以十月香胎气足，香乃大良也。……凡凿香贵以其时，秋冬凿则良，霜雪所侵，精华内敛，木质尽化，瘠而不肥，故尤香。”

2011年以来，东莞每年都会在小雪正日举行隆重的“东莞香典”莞香采香日活动。“东莞香典”是欢庆莞香树历经数千日月风霜雨雪，集天地之灵气凝结成香的采集仪式，更是莞香千载文化馨香的复始。

东莞香农们根据习俗，高举香炉念读祭文，求天地诸神保佑，求历代祖先看护，获得大丰收。这种固定的仪式习俗，是在表示对天地与生活的敬畏，由此拉开采香序幕，迎接最忙碌的采香季节。

采香十分考验采香人的经验与手法，需尽可能地避免破坏香结的完整性。基本原则是“宁采多不采少”。

用水弄湿结香部位，可清晰看到油脂线（红圈处）

采香

凿下来的含有香脂的木块

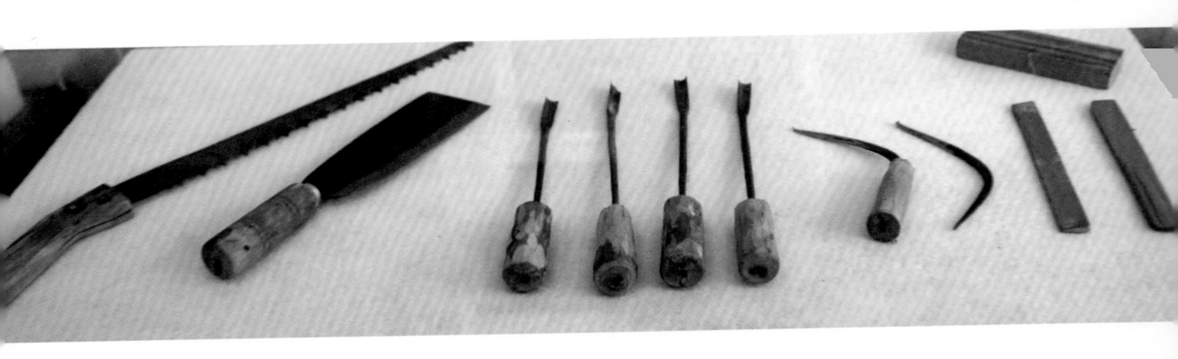

理香工具（从左至右）包括：锯刀、铲刀、大小钩丝刀、磨刀石

· 理香技艺

理香，是莞香原材料得其精华的过程，俗称去木留香。即使用传统工具剔除莞香原材料杂质及无结香的木质部分，留下香结的过程。采香之后，需尽快理香，防止香块水分流失后，增加理香难度。理香师会依不同木质和纹理，选用不同理香工具和理香方法。宋代范成大《桂海虞衡志》记述："香如猬皮、笠蓬及渔蓑状，盖修治时雕镂费工，去木留香，棘刺森然。"理香后，莞香品质愈加上乘，多呈不规则块状、片状和盔状，香质表面多凹凸不平。

· 理香步骤如下：

用刀“打木胚”，去除香结表层大量的白木和腐木，修出莞香雏形。

然后用铲刀去除剩余的贴近香脂的白木。

接着用大、小钩丝刀一点点地钩去掺杂在香脂之间的白木。

理香后可得到形状各异的莞香原材。

· 选香技艺

莞香依结香方式可分为生结、熟结。宋朝蔡绦著《铁围山丛谈 • 卷五》中记载："沉水香其类有四：谓之熟结，自然其间凝实者也……谓之生结，人以刀斧伤之而后膏脉聚焉，故言生结也。"

选香又称拣香，以传统名目为参照，按形、质、色、味、蕴的不同将莞香分拣分类成不同名称、等级的名目品种。莞香名目众多，按照结香位置、颜色、成色、年份等，可分成几十种名目品种，如奇楠、板头、包头、黄熟、包油、壳仔、虎皮、牙香、花铲、虫口、树芯、吊口等。由于不同名目的价值、含量差别很大，而传统方法只是品鉴方式的参考，故拣香尤其考验莞香人的经验和阅历。

奇楠：亦称黄蜡，咀之则软，削之则卷，香气隽永。东莞民间有言"三辈子得一奇楠"。奇楠可分为黄奇楠、黑奇楠、红奇楠、绿奇楠等。

黄熟：又名黄沉、熟结、死结，是指莞香树树干或根部结香后，香脂堵塞莞香树生长所需营养输送通道，导致莞香树自然死亡，埋入土中后，经若干年风雨侵蚀、分解，木质部分尽腐留下的香结。

板头：指莞香树主干经水平切割后，其创面不断有香脂愈结，经理香后得到的片状香结。根据结香时间的长短，板头有品质高低之分。老板头结香时间较长，香脂含量较高，品质上乘。色黑质坚的老板头（亦称铁头）是莞香中的精品。

包头：莞香树创口结香后，创口周围树木组织将创口部分包裹，形成独特的结香环境，香脂经若干年累积，形成包头。包头香结有微微隆起的外形，不像板头平整。

包油：又称包壳，指莞香树创口部位被周边树木组织完全包裹后形成的香结，包油香结都有黄白色的包衣。包油形状不定，油脂线密集，颜色黑亮，品质上乘，至少需要十五年才能形成。为获得价值较高的包油，采香人经常人为地延缓采香时间。

牙香：亦称马牙香，是一种通过平锯法或刀锯法获得的牙状香结，为莞香中常见品类，明清历史文献多有记载。

虫口：又名虫漏，是指莞香树被昆虫咬噬后形成了创面而形成的香结。

壳仔：亦称耳仔、蝉翅，指莞香树经修枝后，在其创面形成的香结。

树芯：亦名木芯，指香脂不断在莞香树芯处凝结，形成竖条状、质地坚硬、色泽明亮的香结。由于此类香结隐藏于树芯，外观不可得见，因此十分考验采香人的经验。完整的树芯香结，多作为莞香摆件，收藏价值极高。

吊口：指莞香树侧枝受到物理伤害后，油脂从创口处上下渗透，采集加工后呈垂吊状的香结。

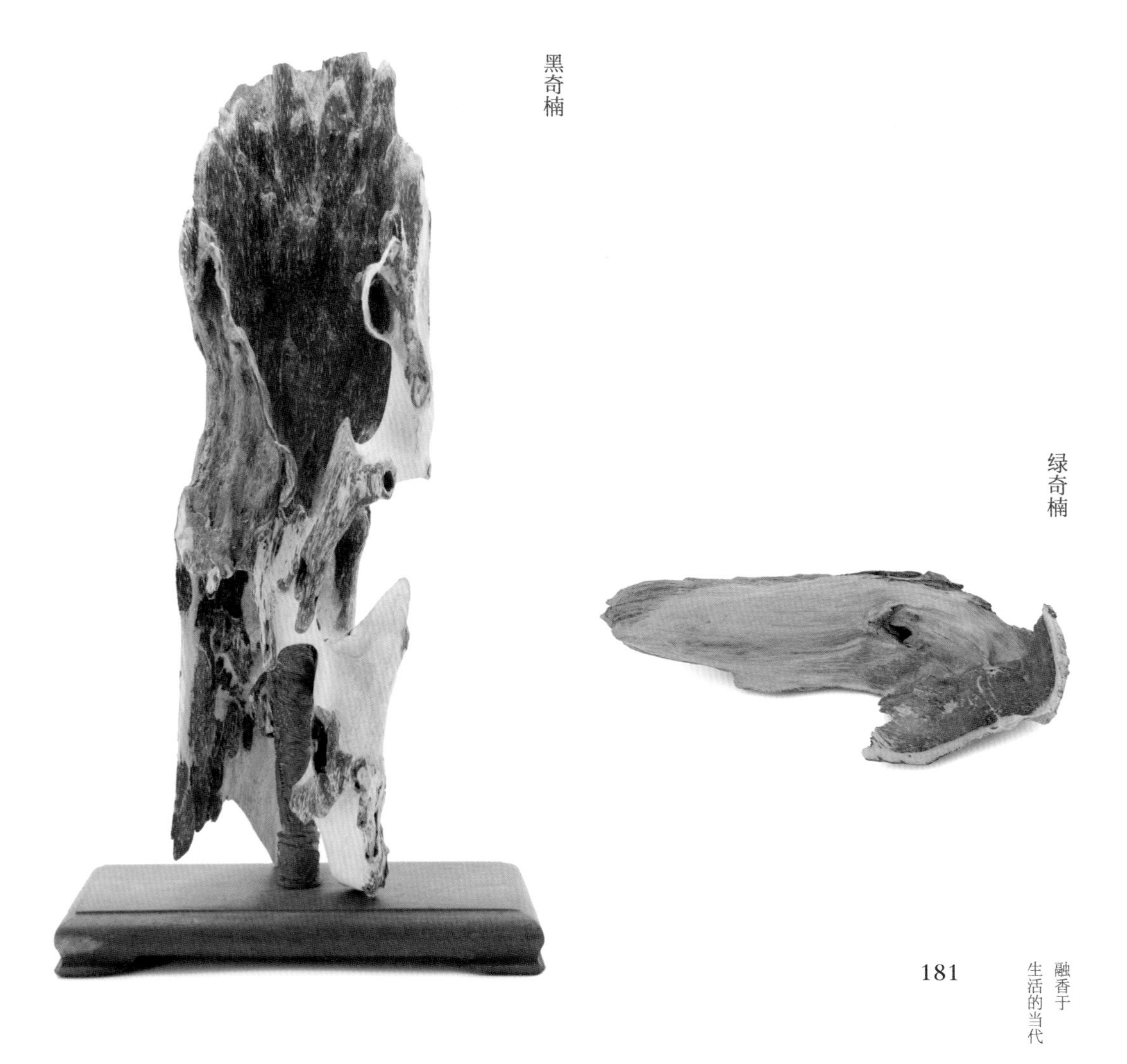

黑奇楠

绿奇楠

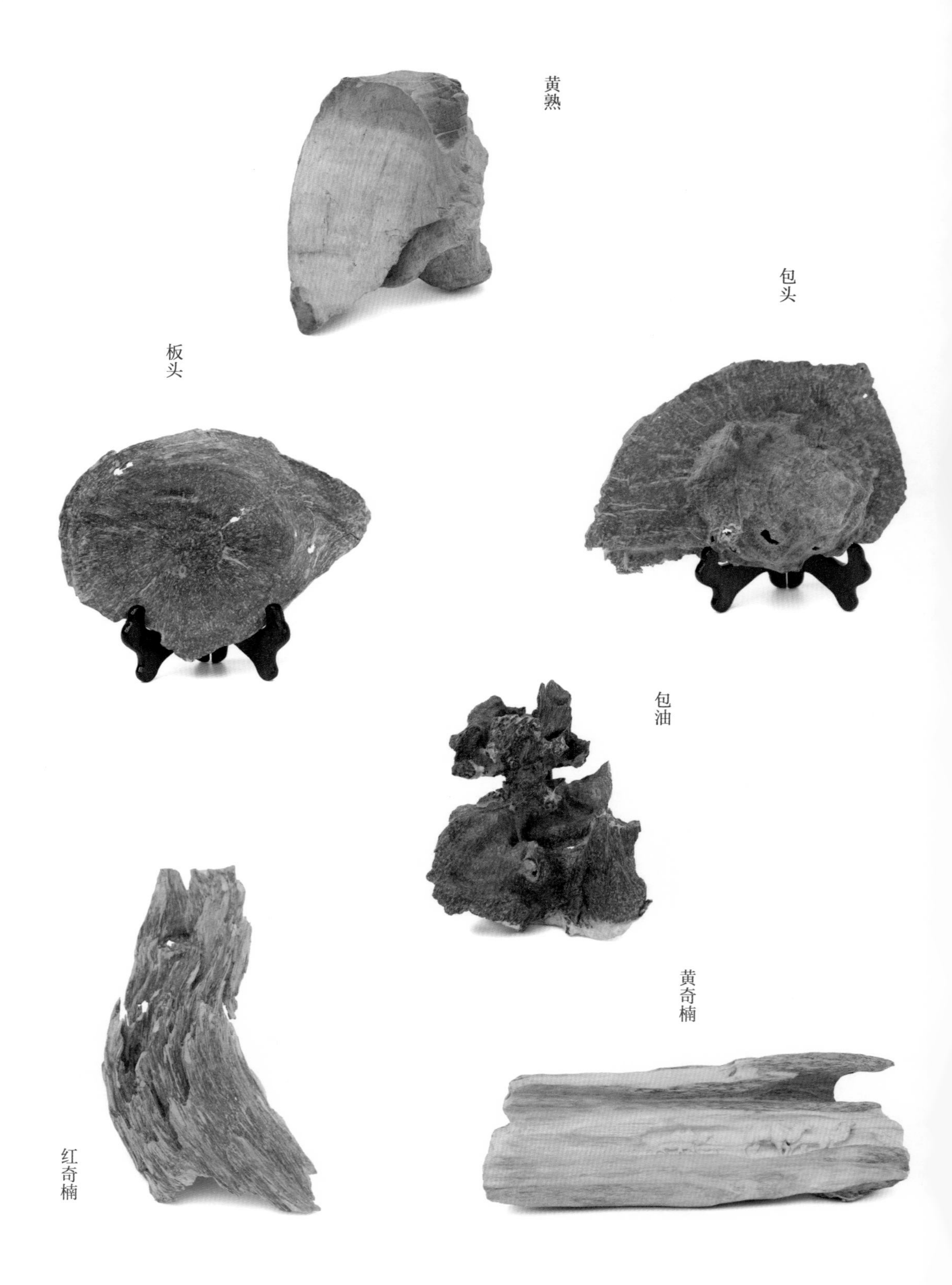
黄熟
包头
板头
包油
黄奇楠
红奇楠

牙香

虫口

树芯

壳仔

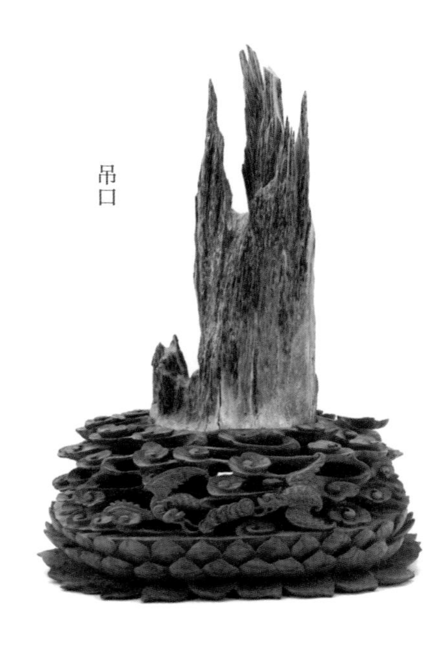

吊口

根结：又名根香，指莞香树的根部受到物理伤害后而形成的香结。

鹧鸪斑：指莞香树受到物理伤害后，形成油脂线黑白相间，类似鹧鸪羽毛斑点的香结。

根据感官要求和理化指标，可将莞香分为特级、一级、二级、三级四种。感官要求根据“形态、色泽、滋味与口感、杂质、燃点性状”五个方面评定莞香等级。理化指标则是指通过实验检测乙醇浸出物、水分、灰分等十九个项目进行等级评定。

根结

鹧鸪斑

·感官要求

项目		要求
形态		呈不规则块状、片状和盔状，香质表面多凹凸不平，孔洞及凹窝表面腐木状，质坚实
色泽	特级	黑褐色，色差不明显，油格密集连片，油色光润，身重结实
	一级	黑色或褐棕色，色差不明显，油格密集连片
	二级	黄褐色，有色差，油格基本连片
	三级	黄褐色，有色差，油格不连片
滋味与口感	特级	有芳香气，具麻、辣、苦、香、凉五味
	一级	有芳香气，具辣、苦、香、凉四味
	二级	具苦、香、凉三味
	三级	具苦、香二味
杂质		正常视力无可见白木或枯废白木
燃点性状		有气泡，具香凉甜美

·理化指标

项目	指标			
	特级	一级	二级	三级
乙醇浸出物 /%	≥ 30	≥ 25	≥ 20	≥ 15
水分 /%	≤ 10			
灰分 /%	≤ 4			
六六六	不得检出			
滴滴涕	不得检出			
氯氰菊酯	不得检出			
氰戊菊酯	不得检出			
溴氰菊酯	不得检出			
敌敌畏	不得检出			
甲基对硫磷	不得检出			
乐果	不得检出			
甲基毒死蜱	不得检出			
对硫磷	不得检出			
毒死蜱	不得检出			
甲基嘧啶磷	不得检出			
倍硫磷	不得检出			
马拉硫磷	不得检出			
甲胺磷	不得检出			
乙酰甲胺磷	不得检出			

· 和香技艺

莞香制作技艺的和香配方略为特殊，是指根据莞香制作技艺的香方配比，将不同名目的莞香，混合调试，使之成为一体，不使用其他香料。根据香的形态可分香粉和香和香片和香。

香粉和香

香片和香

将装有香片、香粉的瓷坛和瓷罐封口，并贴上封条

贴好标签

将储香罐藏于窨香室内

· 窨香技艺

窨香是指将分拣出来的莞香贮藏在罐中，使其自然熟化，褪除木本杂味，令香气润泽、醇厚。宋代《陈氏香谱》记载："新和香必须窨，贵其燥湿得宜也。每约香多少，贮以不津瓷器，蜡纸封于静室屋中，掘地窨深三五寸，月余逐旋取出，其尤裔馚也。"窨香尤其要求对温度和湿度的准确把握，运用技艺把握香品的醇厚度与穿透力。

· 制香技艺

制香主要是指用和香后的香粉加工而成的盘香、线香等香制品。首先将和好的香粉与植物黏粉、山泉水按适当比例混合揉制为香泥，再用模具压制成不同形状的香制品，最后阴干、包装。植物黏粉主要为榆树皮粉、刨花楠皮等，可让香泥具有黏性，以便塑形；山泉水需酸碱度适宜，使香制品气味更佳。

非遗制香技艺示范

·盘香

调配香粉。

揉制香泥。

选择盘香模具，取适量香泥团，放置在模具内。

用模具将香泥压制成型。

取下成型模具，放入静置模具中阴干。

盘香成型，取出。

· 线香制作

前两步同盘香。不使用模具，直接在线香机上压制成型。

将香泥挤压成线条状。

将线香规整为统一长度。

线香机

（二）人文空间·香生活

香之通感、香之灵动、香之氛围，令有限的空间事物上扬至与人气息相通之无限精神境界。传统的香席文化，已经是一个综合的艺术活动。“或取诸怀抱，悟言一室之内；或因寄所托，放浪形骸之外。”一千六百多年前，王羲之的感慨回旋至今，浸润于中国人骨子里的风雅，或许，更应当复归于当代生活的人文关怀中，关注生命的存在本身，成为现代人心灵的引觉之光，诗性的抒发之地。

“四般闲事生风韵，翰墨丹青写春秋。烹茶引香且为乐，谈诗论道渡人文。”由中国传统文化促进会张金发副会长发起的“国韵翰墨人文空间”，真实的空间体验，让香文化在当代人的真实生活中得到认同，得到新的发展。

现代人的生活，主要停留在居家场景和社会场景，居家场景主要是居住环境，社会场景主要是工作环境。长期在固定的时间、固定的环境中难免产生无奈的枯燥感，生活是需要仪式感、趣味感的，偶尔的小憩或是茶歇也都是为了向着更好的明天而准备着。此时空间的营造就必然具有了它的使命感与艺术性。

国韵翰墨人文空间
——休闲雅席

生活节奏加快，我们越来越想得到一份淡远的、诗意的、静心的空间。在浮躁繁杂的工作生活里，失去了许许多多工作生活中应该有的雅致与乐趣，我们渐渐意识到了，人文艺术对于每个人的重要性。开辟一个人文空间，就像是为生活在不同的美景前开了一扇门，站在不同的景象中，感受不同的人文，感悟不一样的生活。

魏晋的雅集，宋代的四般闲事，明代的香席，等等，我们从古人的种种雅玩中不难发现，这种种最终和人文思想、理念、精神、心理息息相关。思想情感的表达，汇聚在不同的时代、事件中，造就了不同的人文体验与情感归宿。那么古典香文化生活的文与雅，在现代的生活中如何体现呢？现代的香文化究竟应该是一种怎样的精神拓展呢？

让现代生活近人文、衍艺术，通过人文与艺术衍生的空间，令古典的文化审美形成生活化的场景，成就人们向往的文化生活。根据不同的人文目的与需求，将办公、家居、休闲空间设计与中国传统生活的“四般闲事”相结合，呼应想要表达的历史空间或者文化意境特点，形成多元化的人文空间“雅席”，为现代的美好生活，焚一炉幽香，造一方静室。

现代人越来越重视工作生活环境，希望即使是在忙碌的工作中，也能得到感官上的享受与文化上的熏陶。一些企业已经将办公空间设计和企业文化的建设放在了一起，办公空间成了我们接触人文艺术的前沿。设计办公雅席，已经在企业中慢慢流行。焚香品茶，自古便是相得益彰的事。明代徐𤊹在《茗谭》中云：“品茶最是清事，若无好香在炉，遂乏一段幽趣。焚香雅有逸韵，若无茗茶浮碗，终少一番胜缘。是故，茶香两相为用，缺一不可。”茶与香，相伴相随千年，温暖芳芬了我们的岁月。

在一个雅趣的空间中来开展工作，没有约束的感觉，让人轻松愉悦，客人来了，对话轻松而舒适，自由而真诚。

国风已经在家居生活中流行了很长时间，我们不时就能在各种场合看到国

国韵翰墨人文空间
——静室香席

国韵翰墨人文空间
——办公雅席

国韵翰墨人文空间
——居家焚香

风的各种家居用品。居家休闲，与香为伴，得一隅雅逸。且传统香料养体修身，有一定的保健作用，为人们带来心灵的安逸的同时，也养护了人们的身体，一举多得。

有一香癖，凡俗顿远襟怀，适得无尽意趣。如月下独酌，焚香一炷，足以慰藉寂寥。南宋词人李曾伯云：“隐几焚香，对酒一壶书一床。”呷一口酒，闲翻书册，任香烬扬扬，吾独醉也。

现代人文空间雅席是组建一个关于人、香、茶、器、物、境的文艺空间，通过一炉香、一席茶来营造环境之美。有一方雅席让我们在繁忙之际去发现生活的美好，去享受生活的惬意。工作之余，接近自然，放松心情。

怎样营造企业的雅室？怎样在生活、居室中呈现一个美好的文化空间呢？既打造一种审美的合理性，又能让人感受到一种能量，所给予人的亲切不只是为了熏香喝茶，还有感官的舒适、心灵的清净、文化的魅力。

莞香文化博物馆
香道室

不同的时代，各具特色的“历史空间”，拥有完全不同的人文气韵，每个时期，香文化核心的侧重点均有不同。而在我们的文化中，又有两个非常有特点的情感或者说文化思想的表达方向，浅显地可以理解为“多情”与“无情”。

中国人的“多情”，在中国人的文字里分外凸显，一草一木、一砖一瓦、晴天雨天、春夏秋冬，都可以融化在曼妙的情感中，美成一幅画，化作一句诗。每种情感的百转千折，似乎都是一道风景，自成一个空间，可谓“诗意空间”。

而所谓“无情”，应该说是一种极尽淡然的状态，是感性过后的理性思考。受到佛道思想的影响，以香为引，参禅悟道一直是香事活动的一部分。静室中，香烟起，观照己身，思虑人生，参悟生命的意义，理解藏在世间的禅意，可谓“禅意空间”。

我们不一定非要“大动干戈”，享受生活本就有不同的方式，大的空间可以沉浸式欣赏，放开整体，局部经营，小的空间也可以静静玩赏。简单的小物，一段淡淡馨香，也可以为我们在一隅之地点缀一个小小的“心意空间”。

人文空间·香生活，从历史中来，以诗意、禅意、心意的不同需要与追求去呈现现代生活空间，让人们在立体的空间中，在空间设计的表达中，感受馨香之美、传统之美，以及现代文化与古典结合之美。文化的继承与发展，必然要走入生活，美化生活，再超脱生活，无数次的蜕变，向着未来的方向不断前行。

诗意空间

焚香、烹茶，开卷有益。书房，古之谓书斋，是读书人身心安顿之所。宋代王汝舟的《咏归堂隐鳞洞》:“静觉眼根无俗物，翛然一室自焚香。”书房里的一物一景，亦被主人赋予了各种雅趣，备以香器、茶器、乐器，闻香、品茶，文玩陈设，共赏时代之美，包含了独特的人文精神和人文的价值追求。所谓诗中有情，诗意是一种情感，或者说情绪的渲染。诗情画意，美好的感受，放在空间的表现中，那最重要的便是“造境”。

遥想“红袖添香夜读书”，那样的景致好一个温馨的情调和令人心醉的氛围！我们现实生活中，都渴望拥有自己的理想生活。我们生活在这样的时代，虽然忙碌，但是幸福。

如能通过人文空间来引导奔波于尘世芜杂琐屑事务的心灵，回归自身，进入高尚的内心生活和纯净的精神活动，是我们的愿望。

国韵翰墨人文空间——书房静室（二）

国韵翰墨人文空间——书房静室（三）

净室香案、香几熏香，生活之雅事，可清心悦神。明代陈继儒《小窗幽记》云：“净扫一室，用博山炉爇沉水香，香烟缕缕，直透心窍，最令人精神凝聚。”熏一炉香，回归朴雅文艺生活。

文人焚香，那最离不开的香道形式必属隔火熏香。莞香隔火熏香保留了历史基础的香道步骤，又有自己的一些特点。

香具齐备展于案几，称孔雀开屏。

熏香工具：香炉、点火器、香板、香盒、香粉、香片、香扫、香压、香铲、香勺、香夹、香刀。

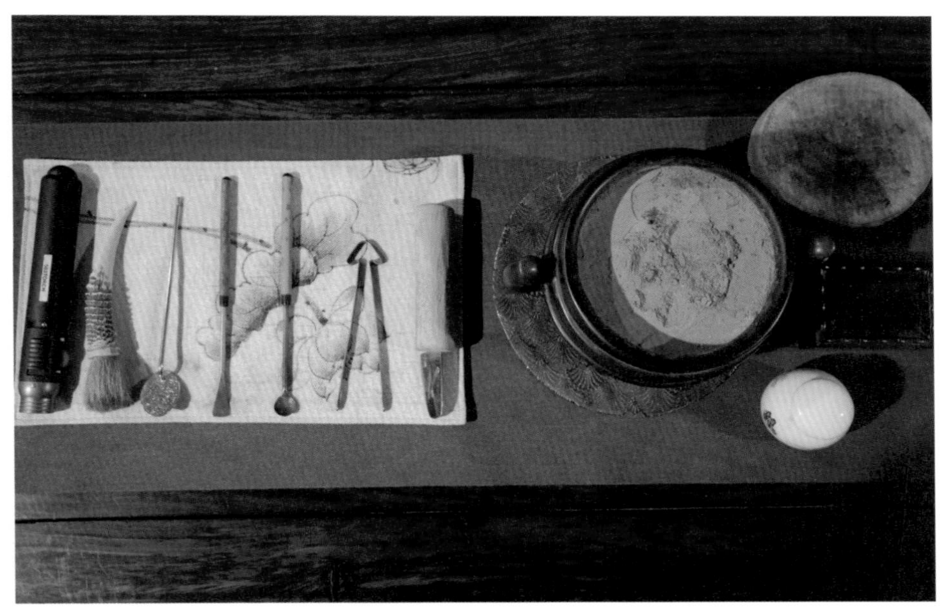

莞香隔火熏香香道工具

·莞香隔火熏香步骤

拂尘洁炉：用香扫拂去香炉上的香灰。

炼灰成烬：使用点火器燃烧香炉内的香灰，使其干燥蓬松，无颗粒状。

填香入宫：使用香勺取适量莞香粉放入槽内。

星火燎原：使用点火器将香粉点燃，烧透以作火苗。

香片零落：用香夹从香盒中取出莞香，放置于香板上，用香刀切成小块。

片香静待：用香夹将香片放入炉内，置于掩盖香粉的正上方。

铺：用香压将香灰理平。

画田字

挖槽

镂云裁月：用香铲在香灰中以“田”字法理出一个香槽。

没：用香铲将香灰薄薄盖住香粉，香
香灰中以作热源，使其持久保温。

拂尘洁炉：再次用香扫拂去香炉上的香灰。

炉：再次用香扫拂去香炉上的香灰。

静心品香：一呼一吸之间，感受那缕缕馨香。

禅意空间

禅意空间的布置，首先需要注意清、静。空间不需要太大，物件陈设也不要太多，注重空间留白。谈禅意，不得不提篆香。

篆香，最初用作寺院诵经计时，故篆香又有“无声漏”之名。不断发展，逐步成为一种遣闷的娱乐方式，王建的《香印》中莫不在昭示这一份闲情雅致：“闲坐烧印香，满户松柏气。火尽转分明，青苔碑上字。”

南宋赵希鹄在《洞天清录》序中描绘：“明窗净几，罗列布置，篆香居中。佳客玉立相映，时取古人妙迹，以观鸟篆蜗书，奇峰远水。摩娑钟鼎，亲见商周。端砚涌岩泉，焦桐鸣玉佩，不知人世，所谓受用清福，孰有逾此者乎？是境也，阆苑瑶池，未必是过。”

制作篆香，十分考究人的耐心，静心去浮躁，香才不会松散、断续，循序燃尽后，灰烬仍以其形存留，极具美感。过去文人和雅好之物同在，禅意相得，显得天宽地阔、恬适淡然。人生一世如白驹过隙，我们要赋予最为平常的事物以典雅的精神与无尽的趣味，才是人世间最大的幸福。一炉香、一缕烟，可凝神静思，可追古思今，可养生养性。

篆香

在精湛优美的莞香篆香香道仪式中，品香不再是单纯的闻香，而是一种视觉和嗅觉相结合的美好意境。缕缕轻烟，徐徐而上，时而如蝉翼，升腾绕行，时而汹涌澎湃，急速而去。这千姿百态、飘忽不定的梵烟引人思绪飘远，追古思今，感悟生活。在氤氲芳香的气息里，人内在的种种美好情感都会被激发起来，一呼一吸之间都能得到心灵的净化和情感的升华。

篆香焚香主要用具：香炉（炉内有香灰）、香粉、篆模、香筷、香扫、香压、香勺、香铲。

莞香篆香
香道工具

· 莞香篆香焚香步骤

炼灰成烬：使用点火器燃烧香炉内的香灰，使其干燥蓬松，无颗粒状。

安如泰山：双手拇指与食指拿住香篆模具上端，居中放入香炉内。

动如脱兔：双手拇指与食指拿住香篆模具上下端，快速沉稳地垂直取出。

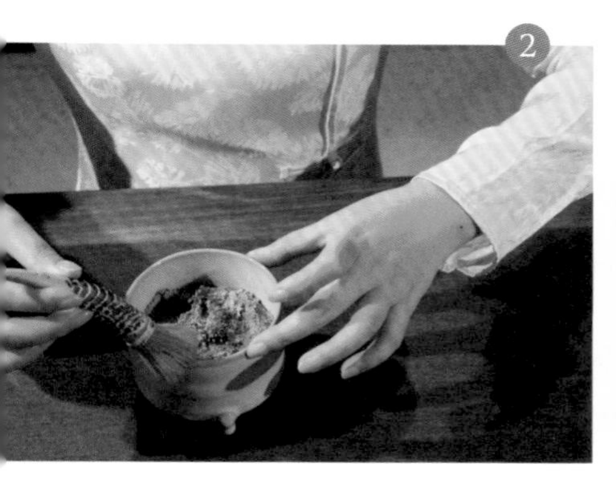

灰：将香炉边上掉落的香灰扫干净。

理灰作铺：用香压将香灰压平整。

宫：使用香匙取适量莞香粉放入香篆
。

平流缓进：用香铲将香粉循序刮入模具凹槽中，轻轻压实香粉。

原：点燃香篆起始端。

静心品香：一呼一吸之间，感受那婀娜多姿的馨香。

通过感觉、感知、感悟，来感受香之美、心灵之美，在香韵中凝思。静心虑性，达到神清气明的香悟禅意境界。

静焚妙香，幽心乐赏。从心绪宁静到身心愉悦，进入心明清空的境界。一生嗜香的周嘉胄在《香乘》中道出了他的初衷以及他对香的认识："余好睡嗜香，性习成癖，有生之乐在兹，遁世之情弥笃，每谓霜里佩黄金者不贵于枕上黑甜，马首拥红尘者不乐于炉中碧篆。香之为用大矣哉！"虚室生香，顿悟快乐与幸福，这才是品香的核心。

心意空间

生活是需要用“慢生活”来沉淀自己的“快节奏”的，否则就无法感知阳光中的热度。人们丰富细腻的精神世界，更喜欢追求能够解脱凡俗世界的事物。香正好充当了这一角色，而空间中的香熏气息能够营造一种当代的东方意境，为环境增添活跃感，让人们放松下来。不论是在城市还是乡村，是办公还是家居，简单的一件物品，就能为我们在不同情景下点亮美好。

对于心意空间来说，我们抛却了一些条条框框的束缚，不去追溯、考据，从欣赏与舒适的角度，营造空间的价值。一方雅室就是日常生活空间，也是静安心灵之处。借几件雅物，随心放置，也能成就心意生活。香与炉，无愧于生活空间的点睛之笔，让简单的生活居所顿生超凡脱俗的意境。小小一炉香，能够很好地融入现代的不同生活环境中，在哪里都不显得突兀，在哪里都能带来不一样的美好感受。

居家雅室，舒适为佳。居家空间，因物而雅。风雅器物，是构建闲适生活的重要载体。

国韵翰墨人文空间
——居家焚香

国韵翰墨人文空间
——居家茶席

香囊是承载着香文化的风雅之物，反映了不同时期人们的审美观念与社会习俗。

古代的香囊主要用于预防疾病、避秽化浊、清新空气、赠佳人寄情思等。现在赠香囊以表达情意，依然不过时。香囊中封藏有香药或香丸，不经意间轻嗅，怡人悦己。香囊小巧，可用在很多现代的环境中，居室、配饰、车载、提包等，可以说和我们现代生活高度适配。

居室香囊

车载香囊

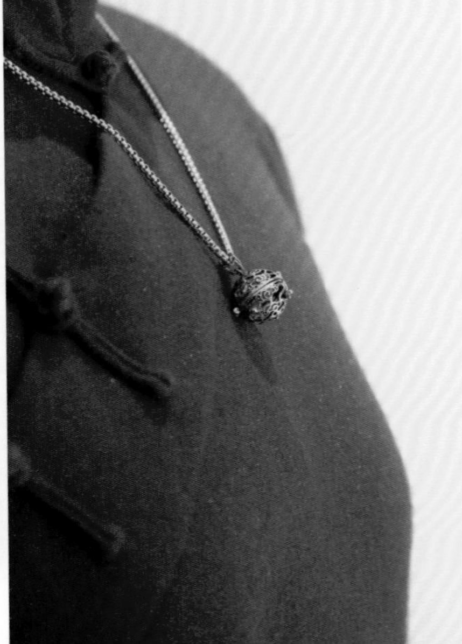

配饰香囊

香还可以制作一些配饰，随身佩戴，香气习习环绕周身的同时，也显得人典雅出众。

提包香囊

香木手串

沉香项坠

在香的曼妙中感知华夏文明的骄傲与幸福。

斗转星移中变换的是社会进步的脚步，留下的便是智慧的凝结。

后记

香文化，是人类文化史里很富美感的一种文化，是我国历史悠久的生活艺术，是人们修身养性，感悟生活，追求人与自然和美统一的文化。

每天所发生的一切，皆是属于我们的故事。在工作和生活的点滴中，感受香文化的魅力，弥散在空间的各个角落里的香味，亦是一种提高幸福感的方式。

“北京国韵翰墨书画院”致力于中国传统文化的普及与推广，将传统生活四艺融入生活，是我们的追求。张金发院长是“国韵翰墨人文空间”实践的发起人，在中国传统香文化等领域不断完善着人文空间的文化氛围，大力推广传统文化，为中国传统文化能够更好地融入现代生活不懈努力。黄欧老师作为非物质文化遗产代表性项目传统香制作技艺（莞香制作技艺）国家级代表传承人，用精湛的技艺、大师的眼光，还有对于莞香文化那种执着的热爱，让我们乃至世界能够看到、闻到中国莞香的美好。

此次“北京国韵翰墨书画院”协助张金发、黄欧等几位老师，用一年多的时间完成了这本《国韵·香文化》，不得不说是十分荣幸的。张金发、黄欧等几位老师从历史文脉、技艺传承、生活空间创新三个方面研究整理，力求在编撰布局上简单、明了、有趣，图文并茂。希望每个看到这本书的人，都能愉快地学习，享受香文化带来的美好，获得预想中的属于自己的收获。我们见证了这一路而来各位老师的辛苦，但成书之际，相信每个人都能感觉到这份辛苦是值得的。

特别感谢中宣部原副部长、中国文联原党组书记胡振民为书题字；感谢中国艺术研究院原院长、中国非物质文化遗产保护中心原主任连辑为书题字。

感谢原中国历史博物馆党委书记谷长江为书作序，感谢编委会各位老师的鼎力相助，感谢莞香文化博物馆工作人员的辛勤工作，这本书能够成书离不开你们的帮助与支持。

愿袅袅香烟，能够因为这本书，让每个爱香的有缘人与香有更深刻的羁绊，让中国香文化能更多地走进今人的生活，带来属于中国的嗅觉浪漫。

北京国韵翰墨书画院